T0191473

PONGA UN ROBOT
EN SU VIDA

PONGA UN ROBOT EN SU VIDA

Jorge Blaschke

© 2015, Jorge Blaschke

© 2015, Redbook ediciones, s. l., Barcelona

Diseño de cubierta: Regina Richling
Fotografía de cubierta: Jorge Blaschke

Diseño interior: Regina Richling

ISBN: 978-84-96746-79-4
Depósito legal: B-7.160-2015

Impreso por Sagrafic
Plaza Urquinaona, 14 7º 3ª, 08010 Barcelona

Impreso en España - *Printed in Spain*

ÍNDICE

PRÓLOGO

Podría no ser yo el autor de este libro. Podría ser un libro escrito por un ordenador de los que se utilizan en periódicos, como *Los Angeles Times,* dotados de programas informáticos que generan textos en pocos minutos usando sus bases de datos.

Estoy hablando en serio, no es ciencia ficción. *Los Angeles Times* con un sistema robótico redactó una noticia sobre un terremoto y estuvo al alcance de todos tres minutos después de haber sucedido.

La prestigiosa revista *Forbes* ha contratado el software de la Compañía Narrative Science para que le redacte con su base de datos los beneficios y pérdidas de las compañías que aparecen en sus páginas.

Determinadas intervenciones quirúrgicas son realizadas por robots, al mismo tiempo que estos empiezan a suplantar al personal de enfermería. Fábricas que antes tenían dos mil operarios se han robotizado y el personal ha quedado reducido a un centenar de personas. Los comercios venden robots para el cuidado de ancianos y niños. Hablamos por teléfono con máquinas inteligentes que nos proporcionan toda la información que deseamos, muy pronto nuestros coches no precisarán ser conducidos por nosotros, se habrá hecho cargo del volante un robot.

Las Fuerzas Armadas de los países más avanzados disponen de toda clase de vehículos robotizados, aviones sin piloto y robots que transportan cargas por lugares inaccesibles a los vehículos con ruedas. Sin apenas darnos cuenta estamos viviendo una revolución invisible que está transformando nuestras vidas.

Antes de media decena de años circularemos por las calles de nuestras ciudades mientras sobre nuestras cabezas volarán todo tipo de drones; en muchos lugares la recepcionista será un robot, y en restaurantes, clínicas y hospitales estas máquinas circularán por sus pasillos con instrucciones concretas de servicios. Por la calle, todos aquellos que iban consultando sus *smartphone* los habrán sustituido por las gafas Google o Facebook. Muchos llevarán un chip incorporado en la cabeza y, posiblemente, tendrán una conexión directa con un ordenador, un interface máquina-cerebro.

El tráfico estará regulado por robots, habrá cámaras en todas las esquinas y entre los ciudadanos circularán cíborgs, androides y algún mutante de apariencia humana. Las grandes pantallas de grafeno ocuparán las fachadas vacías y en ellas veremos publicidad o diferentes canales de televisión que irán emitiendo las noticias del día.

Los coches estarán guiados por sus GPS y aparcarán automáticamente. Los autobuses urbanos y los taxis tendrán su carril autónomo, y no llevarán conductor. Constantemente, a través de las pantallas gigantes o nuestros sistemas portátiles de comunicación, estaremos informados de todo lo que deseemos: climatología, sucesos mundiales, problemas de tráfico, etc. Viviremos en el mundo de la información.

Este progreso que pronto nos va a sorprender creará una época de transición, con ciudadanos adultos que no comprenderán este mundo que les rodea y se encontrarán marginados ante el uso de las nuevas tecnologías. Son gente sin trabajo que se han quedado anclados en el pasado y que no comprenden que sus hijos puedan estar conectados todo el día. Los habrá que, psicológicamente, se verán afectados de roboticofobias, y también algunos que formarán parte de la «resistencia» contra el mundo robotizado.

Los neurocientíficos y neurotecnólogos aspiran a poder empaquetar la información y conocimientos que se generan dentro de nuestro cerebro en cuerpos más resistentes y con posibilidades de más duración que los frágiles esqueletos que nos sostienen envueltos en una inconsistente piel propensa a toda una serie de contagios, daños y enfermedades que penetran hasta nuestros órganos interiores. En realidad se pretende transferir nuestro ser y consciencia en avatares, seres artificiales inmortales.

No percibimos que nos encontramos inmersos en una revolución tecnológica, una espiral de cambios que se producen, cada vez, con más rapidez. Es una progresión geométrica que nos sorprende cada día. Hoy no somos conscientes que miles de laboratorios de todo el mundo están preparando la robotización de nuestro planeta. Vivimos una revolución invisible y corremos el riesgo de ser gobernados por robots.

INTRODUCCIÓN

Hay que distinguir entre ciencias y tecnociencias. El mundo de la inteligencia artificial y la robótica es una tecnociencia que requiere para su desarrollo diferentes disciplinas: la ingeniería, para construir estos nuevos robots que se desplazarán entre nosotros; las matemáticas, para desarrollar programas y algoritmos; la informática, para diseñar los software y hardware; la nanotecnología con sus materiales «críticos»; la neurofísica, que tiene una función muy específica en Brain-Interface-Computer (BIC); la medicina, uno de los sectores en los que se aplicarán estos nuevos adelantos; la astronáutica que llevará al espacio estos robots en vehículos guiados, por robots. Y, al margen de todas estas disciplinas, aun participan los biólogos, neurocirujanos, filósofos y teóricos de las ciencias y la física.

Los físicos están diseñando las líneas de investigación de todas estas nuevas especialidades. Son los que han advertido que la física actual precisa una renovación, y los que señalan a todos los investigadores que no deben caer en la prepotencia de que sus hipótesis actuales son verdaderas, ya que, tarde o temprano, serán refutadas o mejoradas por otros investigadores.

El investigador actual sabe que no sólo debe aportar conocimiento, sino que debe buscar su utilidad, ya que su actividad científica está marcada por criterios económicos, sociales, políticos o intereses de los nuevos filántropos que colaboran en los campos que les interesa con sus mecenazgos, una de las características del nuevo paradigma en que vivimos y nos lleva, entre otros aspectos, a la revolución de los robots.

Este nuevo paradigma está transformando las fuentes de financiación de la investigación en Estados Unidos, Inglaterra y Alemania, principalmente. Son los filántropos los que impulsan las investigaciones más audaces y avanzadas, que en muchos casos el Estado no se atreve a impulsar. Son las empresas privadas las que compiten con sus cohetes y módulos espaciales con la NASA.

Hace años los filántropos donaban parte de sus fortunas a obras benéficas, para ayudas al tercer mundo. Hoy donan millones de dólares a la ciencia. Manifiestan su preocupación por querer acelerar los avances y proyectos científicos que, en manos del Estado, están muy burocratizados y se desarrollan con lentitud. En realidad saben las ventajas que puede aportarles el futuro y quieren ese futuro hoy. Quieren que la medicina pueda solucionar cualquier dolencia, quieren viajar al espacio y disfrutar de las maravillas del Universo, quieren conectar con seres inteligentes de otros planetas y quieren ser inmortales.

Los magnates cubren todas las ramas de la investigación. Recientemente Google, eBay y Facebook, colaboraron en la construcción de un telescopio para detectar posibles asteroides que amenazasen con impactar con la Tierra. También Google, el magnate ruso Dmitry Itskov, el MIT y la Universidad de la Singularidad de Raymond Kurzweil, se han lanzado a la aventura millonaria de transferir los cerebros humanos a avatares, una búsqueda de la inmortalidad dentro del proyecto Initiative 2045.

Los mecenazgos abarcan todos los campos, desde la biomedicina a la bioingeniería, de la conquista de los fondos marinos a la llegada del hombre a Marte. Son inversiones millonarias, en las que sólo Bill Gates ha dedicado más de 10.000 millones de dólares en investigaciones en los campos de la salud pública.

Estos mecenazgos están contribuyendo a que se avance mucho más rápidamente de lo previsto en solucionar enfermedades relacionadas con el cáncer, diabetes, Alzheimer, Parkinson, la fibrosis quística, etc. También en el desarrollo robótico de los exoesqueletos que permiten andar a personas que tienen lesiones medulares que los condenan a la silla de ruedas, o gente que ha perdido sus brazos y ahora se les ofrece la oportunidad de que se les implante un miembro articulado que manejan con el cerebro que les permite utilizar frágiles vasos con la fuerza adecuada gracias al desarrollo de su tacto.

Algunos gobernantes no ven con buenos ojos estos mecenazgos por el hecho de que sus filántropos deciden en qué campos quieren donar sus dineros y en qué investigaciones. Por lo que crean sus propios centros de investigación, sus fundaciones, sus laboratorios, sus bases de cohetes interplanetarios, etc. Toda una serie de instalaciones que quedan al margen del Estado. Querrían algunos gobernantes que las donaciones fueran directamente al Estado y este ser quien decidiese en qué investigaciones invertirlas. Pero ya no es así, los filántropos quieren tener la seguridad que la totalidad de su dinero donado se dedicará a la investigación sin que la mitad se pierda manteniendo administraciones y personal del Estado.

Los nuevos altruistas no son todos los multimillonarios, pero sí los más jóvenes y emprendedores, especialmente de las tecnologías emergentes. Bill Gates, su esposa Melinda, y Warren Buffet anunciaron la campaña The Giving Pledge (Promesa de dar) solicitando a 500 multimillonarios de EE.UU., que donasen parte de sus fortunas para la medicina, la ciencia y la ayuda a los necesitados. De los 500 multimillonarios sólo se comprometieron un centenar. Aún quedan superricos que se llevarán sus fortunas a la tumba o serán heredadas por un hijos incapaces de obtener algo provechoso de ese esfuerzo paternal. Muchas fortunas terminarán dilapidadas en caprichos mundanos sin ningún beneficio para la humanidad.

Los estados, por su parte, se centran en grandes programas de investigación, que requieren la colaboración de varios países debido a los altos costes que suponen. En la actualidad el Congreso de Estados Unidos no aceptaría cargar en solitario con unos proyectos Manhattan o un proyecto Apolo como el que desarrollo la NASA. Los grandes proyectos actuales, Proyecto Genoma, LHC, ITER, o los actuales Proyectos Cerebro Humano y BRAIN en ocasiones, los grandes radiotelescopios o telescopios o la ISS, son proyectos que se realizan en cooperación. Quiero mencionar brevemente que algunos de los proyectos citados suscitaron problemas sociales, morales y religiosos incomprensibles en el siglo XXI. Pero aún existen poderes cavernosos y fundamentalistas que ven con disgusto los avances de determinadas disciplinas de la ciencia.

La Comisión Europea puso en marcha con 1,2 billones €, Human Brain Project (HBP) el año pasado, con el ambicioso objetivo de convertir a los últimos conocimientos en neurociencias en una simulación de supercomputadora del cerebro humano. Más de 80 instituciones europeas e internacionales de investigación firmaron el proyecto de diez años.

HBP es un proyecto muy importante si queremos realizar conexiones entre los cerebros humanos y las máquinas, es decir, lo que se denomina Brain Interface Computer (BIC).

El HBP ha resultado polémico desde el principio. Muchos investigadores se negaron a unirse con el argumento de que era demasiado prematuro intentar una simulación de todo el cerebro humano en un ordenador. Ahora algunos dicen que el proyecto está tomando un enfoque equivocado, y corre el riesgo de una reacción violenta contra la neurociencia si no se pueden alcanzar unos resultados aceptables.

Una de las controversias son los cambios recientes realizados por Henry Markram, director del Proyecto Cerebro Humano en el Instituto Federal Suizo de Tecnología en Lausanne. Los cambios marginan a los científicos cognitivos que estudian las funciones cerebrales de alto nivel, como el pensamiento y la conducta. Sin ellos, la simulación del cerebro será construido de abajo hacia arriba, a partir de la ciencia más fundamental, como los estudios de las neuronas individuales. Y también el problema de la consciencia que abordaremos en este libro. Para algunos científicos construir una simulación a gran escala del cerebro humano es radicalmente prematuro. Por su parte la Iniciativa Cerebro de EE.UU. pretende trazar un mapa de la actividad de este órgano humano con una financiación de más de diez años.

Hay científicos que creen que si bien las simulaciones son valiosas, no serán suficientes para explicar cómo funciona el cerebro. Los que defiende estos proyectos alegan que el objetivo no es producir más datos, que los neurocientíficos ya pueden aportar, sino desarrollar nuevas herramientas para dar sentido a los conjuntos de datos enormes que surgen de las ciencias del cerebro.

La investigación del cerebro está íntimamente relacionada con el avance en la robótica, especialmente en la inteligencia artificial (IA). Ambos campos se complementan, ya que muy pronto los cerebros humanos estarán cargados de sensores y chips que estarán conectados a grandes ordenadores.

En la actualidad la nanotecnia, los materiales críticos, etc., están marcando la agenda tecnocientífica del siglo XXI. Nos estamos sumergiendo en un mundo tecnificado donde aquel que no tenga la más mínima formación técnica o científica se verá relegado, marginado o excluido del sistema que emerge en este nuevo paradigma.

Ya vivimos un mundo diferente del que vivíamos a mediados del siglo pasado. Un mundo donde trabajamos y nos movemos rodeados de potentes máquinas. Ahora llevamos nuestro móvil con nosotros, que nos comunica con cualquier parte del mundo, y nuestro reloj GPS que a través de ese móvil nos guiará por las calles de cualquier ciudad hasta llegar a nuestro hotel. Entraremos en la habitación del hotel con una tarjeta personalizada sin necesidad de solicitar una pesada llave en recepción. Nos tumbamos en la cama y con un mando a distancia encendemos una gran pantalla de televisión, colgada en la pared como si fuera un cuadro y podemos comunicarnos con recepción, vía imagen, para solicitar que nos suban algo de cenar y beber. Luego podemos escoger entre más de 500 canales aquello que nos interese ver. Todo este prodigio de sencillas comodidades, no son nada con lo que se está desarrollando en las tecnologías de la información, la comunicación, robótica e inteligencia artificial en los próximos cinco años. Toda una serie de aspectos que abordaremos en este libro.

No podemos dejar al margen dos aspectos relacionados con la inteligencia artificial y la inteligencia cognitiva. Hemos de contar con la nueva psicología del futuro, la tecnopsicología, y el transhumanismo. Por otra parte Ray Kurzweil, que creó la Universidad de la Singularidad en el MIT, ya nos advirtió de los cambios que nos deparaba el futuro, con máquinas inteligentes superiores a nosotros. Hoy Kurzweil advierte que ese futuro que pronosticó se está acercado más rápidamente de lo previsto.

El progreso de la humanidad está en las máquinas inteligentes, y los científicos empiezan a preocuparse por conseguir que la IA sea segura y buena para los seres humanos. Algunos especialistas en robótica creen que es inevitable que alguien cree programas malignos y, por tanto, más que tratar de controlar a las máquinas inteligentes o robots lo que tenemos que hacer es mezclarnos con ellos.

En realidad esta propuesta ya la estamos viviendo, los ordenadores han aumentado nuestra información y rapidez en procesarla, y cada vez vamos consiguiendo conexiones más directas con ellos, es decir, interfaces máquina-cerebro. La neuroprotésica ha conseguido que parapléjicos o personas que les faltase un miembro, consigan dominar sus exoesqueletos con el pensamiento, convirtiéndolos en cíborgs. Y aún no hemos empezado a trabajar en el cerebro humano dotándolo de mayor conocimiento, inteligencia e información.

En resumen, el futuro se nos antoja inquietante, sobre todo si los puestos de trabajo son sustituidos por máquinas. Es cierto que nos quedará más tiempo para el ocio, especialmente el cultural, que se vende como la gran panacea de un futuro en el que, gracias a las máquinas inteligentes, todos tendremos nuestras necesidades cubiertas y podremos dedicarnos a desarrollar las artes y estudiar nuevas carreras universitarias.

Veo el futuro con optimismo, creo que el devenir siempre es mejor que cualquier pasado con sufrimientos, guerras e ignorancia. Pero no va ser un futuro fácil, será complejo y lleno de problemas que tendremos que solucionar con la ayuda de las máquinas inteligentes.

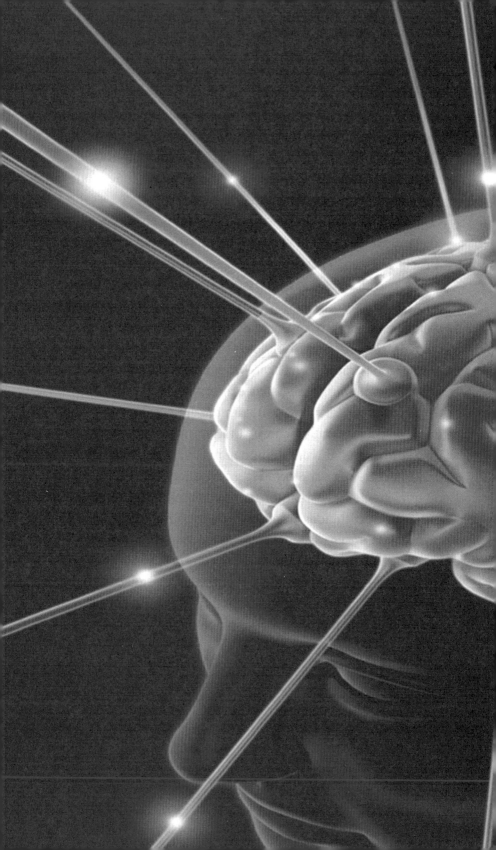

CAPÍTULO 1

EL DON DE LA INTELIGENCIA

«*La principal función de la inteligencia es salir bien parados de la situación en que estamos.*»

José Antonio Marina, *La inteligencia fracasada*

«*Las emociones son la principal causa de los fracasos de la inteligencia.*»

José Antonio Marina, *La inteligencia fracasada*

«*Si hay un error, es humano. Siempre lo es.*»

De la película *Minority Report*

La inteligencia no se hereda, se adquiere

La inteligencia no depende de ser hijo de un rey o de un premio Nobel en física cuántica, todos nacemos con una tabla rasa en el cerebro. Algunas personas tienen un cerebro desarrollado en unas condiciones óptimas, otros arrastran defectos genéticos que han surgido en las generaciones anteriores y seguirán transmitiéndose en el futuro. La inteligencia hay que trabajarla con un entorno adecuado, unos conocimientos y una información. Por esta razón los herederos de grandes fortunas han fracasado en sus empresas, y los reyes van desapareciendo con sus imperios obsoletos basados en la transmisión de poder de padres a hijos que, en muchas ocasiones, están incapacitados para regir pero han heredado el trono. La historia está llena de ejemplos de auténticos cretinos y enfermos mentales que han accedido al trono por herencia, cometiendo barbaridades en sus reinados.

Como bien explica Michael E. Martínez en *Future Bright: A Transforming Vision of Human Intelligence*, la inteligencia no está programada genéticamente ni es inalterable desde el nacimiento. La inteligencia podemos mejorarla o degradarla a lo largo de la vida. Nuestro cerebro, nos enseñó Joe Dispenza, tiene una plasticidad que le permite transformaciones en las actitudes de los seres humanos. Y Daniel Goleman nos advirtió que la inteligencia sola no vale, ya que hay que considerar otros factores: emociones, empatía, etc.

Habrán muchos factores que convertirán a un ser en más inteligente que otros. Un embarazo bien alimentado y atendido médicamente, un lugar de nacimiento enriquecido con conocimientos desde el primer momento, una nutrición adecuada, unos padres que emanen una atención y una educación apropiada, cuidados y buena educación, ningún trauma psicológico al margen del perinatal del que nos habla el psiquiatra Stanislav Grof, un lugar sin conflictos bélicos, sin violencia, etc. Todo dependerá del azar de haber nacido en la familia adecuada, en el sitio ideal y en el momento inmejorable de la historia del lugar.

No nacemos dotados de inteligencia, ni la inteligencia se hereda a través de los genes. Nacemos con una parte de las neuronas del cerebro dotadas de una información genética destinada para hacer funcionar nuestro cuerpo en la realización de toda una serie de funciones de las que apenas somos conscientes, como la respiración, la circulación de la sangre, escuchar, andar, la generación de anticuerpos, etc. La información que vamos adquiriendo, los memes, se irá alojando en neuronas que, con sus extensiones (dendritas y axones), determinaran una compleja red en el cerebro. Y cuanto más extensa y compleja es esa red más inteligente es una persona. Cuando se habla del cerebro de Albert Einstein no se valora su tamaño, incluso era más pequeño de lo normal, pero tenía unas características singulares. Su córtex prefrontal, donde reside la concentración y planificación, estaba más desarrollado, igual que el córtex somatosensorial y el córtex motor. Pero la característica que lo hacía un genio era el hecho que tenía una densidad anormalmente alta de neuronas, conexiones y células gliales. Y estas redes se habían formado a base de pensar, de cavilar, de hacer funcionar el órgano cerebral en problemas complejos.

Como veremos más adelante la inteligencia es un conjunto de factores que nos hacen razonar y resolver los problemas con los que nos enfrentamos a lo largo de la vida. El tema de la inteligencia ocasiona muchas polémicas entre los neurofisiólogos, y plantea algunas preguntas: ¿Son inteligentes los animales? ¿Cuándo se produjo la inteligencia en el ser humano? ¿Qué relación tiene la consciencia con la inteligencia?

A veces creemos que un chimpancé, un delfín, un elefante, un perro u otros animales son inteligentes cuando su comportamiento es semejante al de los seres humanos. Decimos que un perro es inteligente cuando entiende las instrucciones que le hemos dado a través de un aprendizaje de repetición con premio o castigo, o cuando tiene un gran vocabulario de comprensión. Pero ese animal, perro o delfín, no puede responder a un test de inteligencia, ni jugar al ajedrez. Y los especialistas tienen dudas si son conscientes de sí mismos, si son conscientes de que un día dejarán de existir. Por tanto de una manera elemental y sencilla digamos que está dotado de inteligencia el ser que resuelve problemas, razona y tiene consciencia de su efímera existencia.

En los trabajos de investigación de Jane Goodall hemos visto a los chimpancés y monos realizar actos puramente humanos, incluso actuar dominados por las emociones. Vemos como un mono coge una rama y con ella golpea una fruta para que caiga del árbol y creemos ver en ese acto un rasgo de inteligencia. Como puede ser el utilizar una piedra para romper una nuez, o pulsar una palanca para poder recibir un plátano. Son, sin duda, rasgos que han podido imitar de los hombres o parte de un adiestramiento, pero que no podemos

Jane Goodall y sus primates.

calificar como verdaderamente inteligencia. Sin embargo, el asunto toma otro cariz si ese mono coge una rama, la despoja de hojas, afila su punta en una piedra y la utiliza para insertar manzanas. Ese mono ha creado una herramienta, ha desarrollado una idea que tenía en su cerebro. Hay en este rasgo un acto de inteligencia. Hasta ahora, que sepamos, no hay ningún mono que construya herramientas, como mucho han deshojado una rama para poder introducirla en un hormiguero o en un hueco de un árbol para comer hormigas o deleitarse con la miel de las abejas. En realidad hubo unos monos que construyeron herramientas pero en aquel instante dejaron de ser monos para convertirse en homínidos.

El proceso que nos diferenció de los animales y que nos otorgó una categoría humana no fue el descender de los árboles y ocupar la sabana, ni convertir en prensil la mano, aunque fueron procesos que ayudaron a la evolución del cerebro. Lo más destacado en esa evolución es los que se denomina encefalización.

El desarrollo de la zona prefrontal de nuestro cerebro, el córtex prefrontaldorsolateral, ha sido vital para la evolución humana. El ser humano y su inteligencia son consecuencia de una encefalización que, tras millones de años, fue creando más neuronas y conexiones, hecho que nos permitió desarrollar unas habilidades manuales, un lenguaje y una inteligencia. Es indudable que la mano prensil y el pulgar jugaron un papel vital en la evolución, especialmente para transportar objetos y para construir herramientas. Incluso la abundancia de proteínas en nuestras conexiones cerebrales tuvo un papel destacado[1]. Poder coger una lasca trabajada de forma que cortase y con ella seccionar pieles o darles punta a las ramas, eran actos que desarrollaban la imaginación y la inteligencia.

---

1. Las nuevas teorías otorgan un factor importantísimo a las proteínas en nuestras conexiones cerebrales, en las sinapsis. Tratar este tema sería extender excesivamente en el tema de la inteligencia. Si el lector está interesado encontrará información en Seth Grant del Instituto Trust Sanger.

Para darnos una idea de la importancia que tiene los dedos pulgares en la evolución del cerebro, sepamos que siguen activando partes de nuestro córtex prefrontal. Los pulgares han sido vitales para asir herramientas y aferrarse a lianas, entre otras muchas cosas. Difícilmente podría un espadachín asir su florete si le faltase el dedo pulgar, o amartillar su pistola el *cowboy* del oeste sin este dedo. Hoy se ha descubierto que los pulgares siguen activando partes del cerebro. Los adultos sexagenarios al utilizar sus móviles y enviar un e-mail utilizan, por general, el dedo índice. Los jóvenes nacidos con las nuevas tecnología emergentes, envían mensajes en sus móviles pulsando con los dos pulgares. Esta diferencia ha ocasionado en los jóvenes que desarrollen una parte del córtex prefrontal situada entre las dos cejas del rostro. ¿Cómo se sabe? Muy sencillo, realizando un escáner cerebral, una neuroimagen, se advierte que esa parte del cerebro se activa o se ilumina cuando se utilizan los dos pulgares para enviar mensajes. Sin embargo, cuando se utiliza el índice no hay activación.

La necesidad crea el órgano. No es así precisamente en este caso, pero podemos decir que la nueva función ha activado una parte del cerebro para alojar el conocimiento y la habilidad en la utilización de los pulgares.

La neurona prodigiosa

Los grandes proyectos, el de Europa y el de Estados Unidos, que están investigando el cerebro, centran parte de su esfuerzo no sólo en mapear el cerebro, sino en averiguar cómo una idea o un pensamiento se origina en una neurona, o varias a la vez, que forman una amplia red que ponen en marcha nuestros sentidos, músculos y movimientos para convertir, aquel pensamiento, en una acción.

La materialización de una idea se inicia en el núcleo de una neurona, un lugar en el que aún dispone de uno o varios nucleolos. Este núcleo se activa por la misteriosa descarga de un ion de potasio o calcio positivos. La electricidad atravesará el núcleo, el ribosoma que lo envuelve y circulará por una dendrita o un axón, hasta llegar a su final, un botón conocido como vesícula sináptica, donde se alojan los neurotransmisores. Nuevamente esa descarga elegirá, misteriosamente, el neurotransmisor adecuado para la actividad que el cuerpo ha de realizar: dopamina, si necesitamos un estímulo mental o mayor concentración; serotonina, si necesitamos inhibir nuestra ira; adrenalina, si estamos ante una situación amenazadora; noradrenalina, si precisamos más rapidez en los reflejos; endorfinas, si tenemos que calmar un dolor, etc.

La descarga eléctrica, ahora un complejo electroquímico, ha elegido el neurotransmisor adecuado y salta a través del espacio sináptico al botón de otra neurona en cinco milisegundos aproximadamente y a una velocidad de 400 kilómetros por hora se irá extendiendo por la red.

Esto es una muy simple explicación del inicio de un pensamiento. Lo que desconocen los neurofísicos, es qué ha activado a ese o esos iones para que, a su vez, activen la neurona. También se desconoce cómo esa descarga eléctrica sabe elegir al neurotransmisor adecuado, ya que un error podría convertir un posible beso a otra persona en un puñetazo en toda la boca. Esto confirma algo que vienen destacando muchos científicos, que nuestra actividad es consecuencia de la actividad electroquímica de nuestro cerebro. Y como el ion es una partícula nos enfrentamos al hecho de que nuestro cerebro es cuántico. Lynne McTaggart destaca: «Si en último término las cosas vivas se reducen a una serie de partículas cargadas que interaccionan con un campo y envían y reciben información cuántica, ¿dónde acabamos nosotros y comienza el resto del mundo? ¿Dónde está la consciencia, encerrada en nuestro cuerpo, o "ahí fuera" en un campo de fuerza? Evidentemente deja de haber un "ahí fuera" si nosotros y el resto del mundo estamos tan intrínseca-mente interconectados».

Para conocer este misterio se estudia, principalmente, las neuronas y sus conexiones, nos enfrentamos a un complejo laberinto de 86.000 millones de neuronas con 100 billones de conexiones y otras 85.000 millones de células gliales que realizan un papel importante en todo ese proceso. Lo primero que descubrimos es que ninguna de esas 86.000 millones de neuronas saben quiénes somos y tampoco les importa saberlo.

Para darnos una idea del mundo cerebral que los científicos intentan conectar con un ordenador, Brain Interface Computer (BIC), sépase que 1 mm^3 de tejido cerebral genera uno 2.000 *teraoctetos*[2] de datos, el cerebro humano produce 200 *exaoctetos*[3], información comparable a la de todos los contenidos digitales existentes en todo el mundo.

CONSCIENCIA Y COMPUTACIÓN AFECTIVA

La consciencia es un tema que ya abordaremos mucho más adelante y que va a tener un papel trascendental en el futuro de la robótica, los ordenadores, avatares, interfaz mente-computadora y todo lo que tenga que ver con la IA. Si queremos desarrollar seres «replicantes» como los de *Blade Runner*, o seres atávicos a los que queramos transferir nuestras mentes, tenemos que ir pensando en transferir también la consciencia. Y veremos que este hecho, aparentemente de ciencia-ficción, se está considerando e investigando profundamente, así como su localización. Uno de los mejores especialistas del mundo en el tema de la consciencia, Roger Penrose, aborda este problema. Cree que la consciencia se encuentra alojada en los microtúbulos de las dendritas neuronales. Sepamos por ahora y de una forma breve qué es la consciencia y cuándo apareció en los seres humanos.

---

2. Un teraocteto equivale a 240 octetos. Un octeto equivale a 8 bits.
3. Un exaocteto equivale a 260 octetos.

Es necesario realizar una diferenciación entre conciencia y consciencia. Conciencia es lo que tenemos cuando hemos cometido un acto no ético, un comportamiento indebido, y nos lamentamos de haberlo realizado. Es decir, tenemos conciencia que nos hemos portado mal.

La consciencia es algo distinto, forma parte del hecho de darnos cuenta que existimos, que estamos aquí en este mundo realizando una determinada labor. La información es lo que percibimos por nuestros sentidos; la elaboración de esa información es conocimiento; la velocidad con que utilicemos ese conocimiento y su proceso correcto es inteligencia, y si en ese momento nos estamos dando cuenta que existimos, que somos, que estamos elaborando un conocimiento, entonces tenemos consciencia. Millones de personas actúan automáticamente en la vida sin darse cuenta de sus actos, no son conscientes de lo que hacen, se comportan como una máquina. Creo que lo único bueno que aportó al hombre occidental en los años sesenta, el gurú, mercader de alfombras y filibustero del Cáucaso, George Ivanovich Gurdjieff, fue sus enseñanzas que trataban de demostrar a sus discípulos que pasaban la mayor parte del día «dormidos», sin ser conscientes de ellos mismos. El resto de sus teorías fue pura charlatanería.

Todo parece indicar que hace cien mil años, el género *homo neanderthalis*, en la misma época que empezaba a realizar enterramientos de sus congéneres, comenzó a emergerle su consciencia. Empezó a darse cuenta que existía, que era un ente y a reflexionar sobre él mismo. Este hecho se refuerza con ese comportamiento de enterrar a sus muertos y hacerlo con unos determinados rituales. Creo que debe haber una relación

Con el *homo neanderthalis* empezó a emerger la noción de consciencia.

entre ambos hechos. También tuvo que influir el mundo oní-rico, los sueños en los que se les aparecían los fallecidos en pesadillas que les debían parecer reales. E, indudablemente, el desarrollo de la zona prefrontal de sus cerebros, el córtex prefrontal dorsolateral. Los neurocientíficos aseguran que la consciencia perceptiva está en la corteza cerebral y que con el desarrollo del lenguaje, el arte y los primeros enterramientos, el ser humano empezó a realizar una regularización conscien-te de las acciones y emociones, dejando el instinto atrás y sien-do, por primera vez, consciente de sus pensamientos.

La inteligencia, las emociones y la consciencia van a ser as-pectos que vamos a abordar al sumergirnos en el mundo de la robótica y la IA. El mundo descrito por Isaac Asimov en *Yo robot* ya está comenzando a emerger, las grandes empresas como Google han apostado por la robótica y los avatares in-mortales. DARPA (Defense Advanced Research Proyects Agen-cy) está desarrollando los más increíbles «robots soldados» para la defensa de los Estados Unidos. Las nuevas tropas de elite estarán formadas por robots, los mercenarios ya no serán necesarios. Pero en cualquier caso se quiere robots inteligen-tes, robots con capacidad de razonar y discernir determinados valores. Una difícil combinación cuando se quiere construir máquinas que matan (robots asesinos) y que al mismo tiem-po razonen. Entraremos en todos estos aspectos. Por ahora si-gamos con la inteligencia y sepamos exactamente sus relacio-nes con las emociones y la consciencia.

En cuanto a la cognición emocional se trata de un nuevo término desarrollado por Herbert Simon y Marvin Minsky, dos pioneros en la inteligencia artificial, expertos en mecanismo cerebrales del procesamiento emocional y técnicas de neuro-imagen de cognición. Sus investigaciones se han basado en la utilización de la tomografía de positrones (PET), electroence-falografía (EEG), magnetoencefalografía (MEG) y resonancia magnética funcional (fMRI).

Según Minsky no se trata de si las máquinas inteligentes pueden presentar emociones, sino si puede haber máquinas inteligentes sin emociones. Este planteamiento desarrolla un nuevo campo de investigación, la «computación afectiva» que relaciona emociones y otros fenómenos afectivos. Así las emociones deben modelarse en inteligencia artificial.

La base de este proceso de computación reside en el establecimiento de modelos fundados en indicaciones psicológicas y neurocientíficas. Cuando abordemos el tema de los robots inteligentes veremos los escenarios posibles que plantean estos nuevos desarrollos de máquinas inteligentes.

Daniel Goleman nos enseñó en su libro *Inteligencia emocional* lo importante que es, en el contexto social, dominar nuestras emociones y saber comprender las de los demás. A mí se me hace difícil ver la posibilidad de un robot llorando a causa de una emoción. ¿Sería una máquina perfecta? Trataremos de resolver estos aspectos en próximos capítulos.

En esta misma línea LeDoux señala que las emociones no pueden ser inconscientes, pues están cargadas de afecto y estados de consciencia que se experimentan subjetivamente. En definitiva las emociones son estados de consciencia.

Concepto de inteligencia

La inteligencia depende de la velocidad con que se transmite la información entre los millones de neuronas de nuestro cerebro. A mayor velocidad mejor capacidad de respuesta ante un problema, un peligro o una circunstancia determinada. En un campeonato de ajedrez cronometrado la velocidad de las jugadas también se considera. Por tanto la inteligencia es esa capacidad que poseemos de buscar con rapidez una solución a los problemas que nos acontecen. Inteligencia es resolver un problema matemático de la forma más rápida, o mover las piezas del tablero de ajedrez más rápido que nuestro contrincante y ganar la partida.

Así podríamos definir la inteligencia como esa capacidad que tienen los seres humanos de resolver los problemas que les rodean y, a mayor velocidad en obtener una respuesta, mayor inteligencia.

La inteligencia dependerá de la información que disponemos, si la información es escasa es difícil tomar una decisión inteligente porque el resultado puede ser equívoco. Así la inteligencia es el correcto uso de la información que almacenan nuestras neuronas y por supuesto, la memoria que tenemos.

En cuanto a la memoria no podemos decir que es un signo de inteligencia. La memoria[4] es la capacidad de recordar la información que hemos adquirido y que se almacena en nuestras neuronas. Uno puede tener una gran memoria pero eso no le sirve para nada si no sabe utilizar con inteligencia la información que tiene. Todos recordaremos al memorión de la clase, aquel que repetía como un loro las asignaturas, que era valorado con buenas notas por unos profesores arcaicos que sólo apreciaban aquella virtud de recordar y saberse de carretilla la lección del día. ¿Qué resultados dio este valor educativo? Ningún memorión ha conseguido grandes avances en la creación ni en la investigación.

Haré una apreciación más. Un individuo puede ser muy astuto y listillo, pero eso no quiere decir que sea inteligente. Hay grandes políticos que han llegado al poder no por su inteligencia precisamente, por ejemplo Nixon, Bush hijo o Ronald Reagan, sino por habilidad y astucia en manejar las riendas que acceden al poder. Sinceramente no son inteligentes aquellos que presumen de serlo, la gran astucia de la inteligencia es saber ocultarla.

---

4. Existe la memoria de trabajo, ubicada el lóbulo frontal; la memoria procesal, en el cerebelo, córtex motor y ganglio; la memoria perceptiva, en los córtex gustativos, olfativos, auditivos, visual y somatosensorial; la memoria semántica en el lóbulo frontal y temporal izquierdo; y la memoria episódica en el hipocampo y córtex prefrontal.

Por otra parte la inteligencia sola no sirve para manejarse en la vida, son necesarios otros aspectos que describió ampliamente Daniel Goleman en su *Inteligencia emocional*. Hay que combinar la inteligencia con la capacidad de conocerse a sí mismo y dominar las emociones, de saber escuchar a los interlocutores e interpretar correctamente lo que nos pretenden transmitir. En una sociedad como la actual hay que tener empatía con las personas que nos relacionamos. Se puede ser un genio, tener una gran capacidad intelectual, pero si no se tiene empatía con los demás, uno puede terminar abocado a la marginación, a la soledad. Un individuo sin empatía no tiene capacidad de trabajar en equipo y transmitir o recibir información en un ambiente positivo.

La inteligencia es la capacidad que tenemos de la comprensión de nuestro propio entorno, de razonar sobre él, de resolver los problemas que nos plantea. Es también la capacidad que tenemos de comprender ideas complejas, de pensar de forma abstracta.

La inteligencia es una característica que llega a especializarse en lo que se ha denominado «inteligencias múltiples». Tenemos en este caso la inteligencia lingüística, esa capacidad de usar las palabras y escribir. La inteligencia matemática que permite resolver problemas de cálculo con gran facilidad. La inteligencia musical que tienen todos los grandes compositores. La inteligencia espacial que nos relaciona con nuestras tres dimensiones.

COCIENTE DE INTELIGENCIA (IQ) Y EFECTO *FLYNN*

Uno de los aspectos importantes era llegar a conocer cuál era la capacidad de inteligencia de una persona y para ello se elaboró lo que hoy conocemos como test de cociente de inteligencia (IQ)[5]. Pero ante todo quiero advertir que no es lo mismo inteligencia que cociente intelectual.

---

5. Coeficiente de Inteligencia en su terminología inglesa.

A principios del siglo pasado se empezaron a desarrollar test de inteligencia con el fin de poder conocer la capacidad de un individuo. Estos test se valen de una puntuación denominada cociente de inteligencia (IQ) que, en la actualidad, se realiza mediante una comparación estadística respecto a un grupo de muestra. Debemos de considerar que el IQ es un valor cuantitativo abreviado de inteligencia, muchos aspectos importantes quedan al margen de este test, especialmente aquellos que están relacionados con las emociones.

Aproximadamente dos de cada tres personas arrojan una puntuación entre 85 a 115, mientras que 19 de cada 20 personas su puntuación varía entre 70 y 130. Alguien con más de 130 podemos considerarla una persona muy dotada mentalmente. Menos de 70 es deficiente.

En 2013 se publicó la lista de las diez personas más inteligentes del mundo, lo que se denominó «el Top 10 de IQ». De menor a mayor los componentes de esta lista y sus IQ eran los siguientes:

- Stephen Hawking (físico) con IQ de 160.
- Paul Allen (cofundado de Microsoft) con un IQ de 170.
- Andrew Wiler (matemático) con un IQ de 170.
- Judit Polgár (maestra de ajedrez) con un IQ de 170.
- James Woods (actor) con un IQ de 180.
- Gary Kasparov (maestro de ajedrez) con un IQ de 190.
- Rick Rosner (guionista de TV) con un IQ de 192.
- Kim Ung-Yong (físico) con un IQ de 210.
- Christopher Hirata (astrofísico) con un IQ de 225.
- Terence Tao (físico) con un IQ de 230.

Desconocemos que IQ tenía Leonardo de Vinci, Newton o cualquiera de los genios del pasado, pero todo parece indicar que inferior a los citados si tenemos que admitir lo que hoy denominamos como efecto *Flynn*.

Todo parece indicar que la inteligencia ha ido aumentando a lo largo de la historia de la humanidad. El hombre de hace quinientos años, salvo raras excepciones, era mucho menos inteligente que el hombre de hoy, y no sólo eso, hoy existen más hombres y mujeres inteligentes que todos los que han existido a lo largo de toda la historia de la civilización.

Las puntuaciones del IQ se incrementan a razón de 0,3 puntos al año, es decir, tres puntos en un decenio. Este hecho se conoce como efecto *Flynn*. De continuar esta progresión a finales de este siglo, nuestros descendientes, nos llevarán una ventaja de 30 puntos.

El efecto *Flynn* es debido a la aparición de nuevas profesiones que exigen el dominio de principios abstractos, como es la informática, la física cuántica, la ingeniería, etc. También influye la alimentación correcta, las *smartdrugs* o drogas inteligentes[6], el entorno intelectual, la necesidad de estar al día en los avances tecnológicos que aparecen, en el conocimiento del cosmos que nos rodea, en la utilización de tecnologías emergentes, etc. El efecto *Flynn* es algo normal, lo raro sería su ausencia, ya que eso significaría que habríamos dejado de responder al mundo que hemos creado.

INTELIGENCIA FLUIDA Y CRISTALIZADA

En la actualidad la neurociencia cognitiva aborda el complejo tema de la inteligencia profundizando en el conocimiento del cerebro. Las facultades cognoscitivas son una de las partes de la mente humana que es eficaz en otras vertientes como la creatividad, relaciones sociales, etc.

Michael E. Martínez destaca que la inteligencia es poseedora de otras manifestaciones, ya que poseemos la inteligencia fluida y la inteligencias cristalizada. Para Martínez la inteligencia fluida es la capacidad de la mente en adaptarse a un

---

6. La denominación de «drogas» es incorrecta, ya que las *smart drugs* no producen hábito ni efectos semejantes a las drogas, sólo activan el cerebro, dan mayor concentración y otras cualidades. El lector interesado en las *smart drugs* encontrará más información en mi libro *Cerebro 2.0* publicado en esta misma editorial.

entorno con novedades, fuera de lo habitual, cambiante, desconocido y extraño. Somos inteligentes si nos adaptamos rápidamente a ese mundo y sus problemas complejos. Por su parte la inteligencia cristalizada nos permite dominar grandes «paquetes» de información, y, además, está asociada a la capacidad verbal. En cualquier caso inteligencia fluida y cristalizada se complementan.

Creo que la inteligencia ha quedado relativamente definida, y digo relativamente por qué es un tema polémico entre los especialistas. En cualquier caso tenemos un concepto de esta capacidad. En el capítulo siguiente abordaremos lo que consideramos como inteligencia artificial (IA).

CAPÍTULO 2

INTELIGENCIA ARTIFICIAL

«*Un ataque de nervios es como un cortocircuito.*»

JOSÉ ANTONIO MARINA, *LA INTELIGENCIA FRACASADA*

«*Existirá inteligencia artificial cuando no seamos capaces de distinguir entre un ser humano y un programa de ordenador en una conversación a ciegas.*»

TEST DE TURING

«*Lo siento David, me temo que no puedo hacer eso.*»

HALL, LA INTELIGENCIA DEL ORDENADOR DE STANLEY KUBRICK EN *2001: UNA ODISEA DEL ESPACIO*

¿PUEDE SER INTELIGENTE UNA MÁQUINA?

La respuesta a este interrogante no lo sabremos hasta que construyamos el primer robot o computadora verdaderamente inteligente, ese día ya está cerca, y para Stephen Hawking empezaremos a correr un gran riesgo. La verdad es que cuando construyamos el primer robot inteligente empezarán a funcionar dos relojes: uno marcará la hora para la nueva era robótica; el otro empezará a descontar el tiempo que le queda al ser humano.

Por ahora la inteligencia humana constituye la técnica más poderosa de todas, hecho que demuestra con la resolución de problemas que tienen una estrecha coordinación social. ¿Pueden llegar las máquinas a este punto? No lo sabemos, lo único de lo que estamos seguros es que superamos de lejos a las máquinas, ya que somos capaces de detectar patrones y caminos que pasan inadvertidos en los ordenadores más potentes.

Empezaremos a plantearnos qué entendemos como inteligencia artificial (IA). No es tan fácil dar una definición en la que todos estemos de acuerdo, ya que existen varias definiciones de las que sólo destacaremos dos: una de ellas mantiene que es la capacidad que tienen ciertas entidades no humanas, mecánicas o computacionales de ser capaces de razonar por sí misma igual que un ser humano. Es decir, máquinas que pueden pensar igual que usted o yo. La otra definición que he elegido la propuso John McCarthy en 1956, destacando que la IA es la capacidad de razonar de un ser que no está vivo.

Es bien conocido que algunos programas son capaces de calcular con mayor rapidez que un ser humano, incluso tener una memoria muy superior, pero esto no se considera como inteligencia. Los seres humanos tienen dos maneras de tomar decisiones: una lenta, deliberadamente razonada; la otra rápida, impulsiva y capaz de resolver una situación complicada con experiencias anteriores. A veces, recurriendo a la intuición. Esta última forma de tomar decisiones es la que hace a la inteligencia humana eficaz. Pero un ordenador de IA no puede utilizar esta última forma, ya que puede fracasar, y lo que esperamos de un computador de IA es que sea seguro, que no falle nunca.

La definición de McCarthy es la respuesta que más se acerca a la pregunta con que hemos empezado este tema, así que tendría IA una máquina basada en algoritmos genéticos análogos al proceso de evolución de las cadenas de ADN; con unas redes neuronales artificiales que funcionaran igual que las del cerebro humano; y con una capacidad de razonamiento abstracto. Para convertir esa máquina en verdaderamente inteligente habría que dotarla, además, de una consciencia.

Todo ello sería, o es ya casi posible, con sensores físicos y mecánicos, pulsos eléctricos u ópticos en un ordenador, así como entradas y salidas de bits de un software. He dicho «casi posible».

Antes de entrar en complejidades sepamos que la IA es un campo que tiene aplicaciones en la economía, la medicina, ingeniería, astrofísica, juegos como el ajedrez o los videojuegos. Dentro de la IA tendríamos sistemas que piensan como humanos, que emulan el pensamiento humano y que poseen redes neuronales artificiales. Estos sistemas tomarían decisiones, resolverían problemas y serán capaces de aprender. También tendríamos sistemas que actúan como humanos, que imitan el comportamiento humano. A nuestra imagen y semejanza pero sin emociones y sentimientos, sin errores y sin equivocaciones.

De Ctesibio de Alejandría a Tianhe 2

El término «inteligencia artificial» aparece por primera vez en 1956 en una conferencia de Darthmounth. Tal vez tenemos que remontarnos hasta Ctesibio de Alejandría en el año 250 a.C., constructor de la primera máquina autocontrolada, un regulador de agua, primera máquina «automática». Posiblemente hubieron otras máquinas parecidas, estoy seguro que Leonardo da Vinci tendrá algún boceto de alguna máquina autocontrolada.

Es en 1936 cuando Alan Turing diseña formalmente una «máquina universal» que demuestra la viabilidad de un dispositivo físico para implantar cualquier cómputo definido. Será en 1950 cuando el trabajo de Alan Turing empezará a ser considerado y desarrollado por otros científicos. En 1955 se desarrolla el primer lenguaje de programación, el IPL-11, y un año más tarde el Logic Theorist capaz de demostrar teoremas matemáticos.

Alan Turing desarrolló en 1955 el primer lenguaje de programación.

No fue hasta 1958 cuando el MIT desarrolló el LISP, primer lenguaje para procesamientos simbólicos. Los avances continuaron en los años siguientes hasta los años sesenta en que aparecen los sistemas expertos que predicen la probabilidad de una solución bajo unas condiciones determinadas.

Ya a finales de los años setenta, T. Winograd desarrolla un sistema que permite interrogar y dar órdenes a un robot. Mientras, nuevos lenguajes se van desarrollando.

Un salto importante se da cuando en 1981 K. Fuchi anuncia el proyecto japonés de la quinta generación de ordenadores. En 1997 se produce un acontecimiento espectacular para todos aquellos que no eran doctos en estos temas, un acontecimiento que trastoca las teorías que se tenían sobre la inteligencia humana como algo insuperable. Gari Kasparov, campeón del mundo de ajedrez, sucumbe ante el ordenador Deep Blue. En 1911 IBM desarrolla un superordenador llamado Watson, que venció a todos los campeones del mundo de ajedrez. Uno de los argumentos que se habían utilizado para definir la diferencia entre seres inteligentes y máquinas inteligentes, deja de servir.

En la actualidad, para simular la actividad de 1730 millones de neuronas conectadas a través de 10.000 millones de sinapsis, se utiliza la computadora K del Japón que dispone de la segunda mayor capacidad de almacenamiento de memoria a escala mundial. Pero si queremos imitar las redes del cerebro humano tenemos que incorporar los 82.000 millones de neuronas que tenemos y los billones de sinapsis.

Hasta el año 2022 no empezará a trabajar la siguiente generación de ordenadores, las denominadas Exascale. Con ellas se podrán examinar todas las neuronas y sinapsis del cerebro.

Cuando abordemos el tema de los ordenadores veremos que hay diferentes valores que los califican, como su capacidad de memoria, su rapidez de cálculo, su potencia, etc.

A partir de mayo de 2014 ha empezado a funcionar en China el ordenador más potente del mundo: Tianhe 2. Veremos cuánto le dura este palmarés.

Por ahora, al terminar este libro Tianhe 2 sigue siendo el ordenador más potente del mundo, pero son títulos efímeros ya que en este sector se avanza de una forma exponencial en la construcción de computadoras.

Superar el Test de Turing

Podríamos construir un robot con cierta sensibilidad. Se puede programar un ordenador de forma que experimente «hambre» al detectar que desciende su nivel de energía, incluso que experimente miedo si este nivel es muy bajo y puede paralizarla. El robot ante estas situaciones puede llegar a realizar un llamamiento «desesperado», pero sólo se trata de lo que experimentan, no lo que siente, es algo que le hemos incorporado en las simulaciones de sus programas. Podemos experimentar miedo pero eso sólo es un acontecimiento, sentir implica la intervención de la consciencia. Sentimos cuando somos conscientes de que sentimos. Sentimos cuando a causa de lo que sentimos se produce una torsión inesperada en nuestro estómago. ¿Puede una máquina sentir? ¿Puede sentir una torsión de sus cables?

Cuando sentimos también padecemos angustia, sufrimientos, dolor. ¿Puede una máquina padecer angustia, sufrimiento o dolor? Puede conocer estos conceptos porque los tiene almacenados, puede conocer el concepto de la angustia según Kierkegaard, pero no padecerla con los síntomas que comporta. En cuanto al dolor, ¿van a dolerle los cables, las placas de transistores? Puede conocer el miedo según las definiciones de Assagioli[1], pero ¿puede el miedo paralizarla y producirle un cortocircuito?

Hasta ahora un ordenador dispone de mecanismos de retroalimentación que les permite chequear su estado interno, saber qué placas se calientan y qué circuitos fallan. Con esta información el robot o el ordenador puede tomar decisiones que le permitan arreglar las partes dañadas, mantener su integridad o avisar exteriormente que fallan ciertas partes de su

---

1. Psiquiatra veneciano especialista en emociones y el miedo.

mecanismo, incluso advertir que hay fallos en su memoria que no le permiten ofrecer información con las debidas garantías.

Por ahora no puede darse el caso de Hall de *2001: Una Odisea del espacio*, en el que el ordenador alega fallos de memoria para ocultar deliberadamente determinadas informaciones que se le solicitan. Eso podría realizarlo si estuviera programado para negar información a determinadas personas y utilizar la excusa del fallo de memoria si esta excusa también estuviera programada. Realizarlo por su cuenta significaría actuar al libre albedrío, tomar decisiones basadas en la empatía que la máquina puede tener con un ser humano.

Dotar a un robot o ordenador con un sistema inteligente que le permita captar las emociones de los demás e interpretarlas es posible, pero dotar a un robot con las mismas emociones significa predisponerlo a fallos en sus decisiones a causa de sus estados emocionales. Como he destacado en la frase de inicio del capítulo anterior de José Antonio Marina: «Las emociones son la principal causa de los fracasos de la inteligencia». Es esa inteligencia fría y no emocional la que le permite a la máquina ser eficiente, no fallar en sus decisiones en los problemas complejos y peligrosos. Es lo que espera el ser humano de la máquina: confianza.

Es posible que muchas máquinas superen el test de Turing al conversar con un ciudadano no profesional, pero ¿lograrían superar ese test con un especialista, con un psicólogo profesional? Es evidente que no. Los defensores del test de Turing alegan que el participante humano no debe de estar sobreaviso de que va a dialogar con una máquina. Pero entonces ¿a qué nivel ponemos la inteligencia de la máquina? La máquina tiene que enfrentarse a gente inteligente, tiene que superar el test con un psicólogo experimentado, un Daniel Goleman; o con un hábil intelectual cargado de humor como el Gran Wyoming.

El test de Turing puede significar una trampa letal para la

máquina si su interlocutor utiliza ambigüedad en su lenguaje, ironía o dobles interpretaciones. Es precisamente en esta parte del lenguaje donde fallará la máquina, donde demostrará que es una máquina.

Hoy en día, existen máquinas cuyos constructores no presumen de haberlas diseñado inteligentes, tienen grandes problemas de comunicación por los lenguajes especializados, la sintaxis, los dialectos, la jerga y las frases hechas que todos comprendemos pero que una máquina no sabría interpretar. Ven ustedes a un ordenador tratando de entender términos como «que te la pique un pollo», «mejor te abras colega» o «es un tío plomo», ¿sabrá la máquina diferenciar el término «tío » como simple individuo o entenderá que se trata de un pariente constituido en la materia plomo?

¿Cómo queremos que nos entienda una máquina si no nos entendemos entre nosotros? Y no me refiero a los diferentes idiomas, sino a los diferentes valores de nuestras medidas en los sistemas con que trabajamos. Recordemos el accidente que tuvo una de las naves que debía aterrizar en Marte y se estrelló, un incidente debido a que se habían suministrado los datos numéricos a dos ordenadores con distintos valores, los europeos en metros y kilómetros, y los americanos en pies y millas. Hechos de este tipo, confusiones en el lenguaje, se producen no sólo en astronáutica y física, también psicología y sociología por falta de consenso en la definición de conceptos, en etiología. El lenguaje entraña complejidad, engaña, confunde. Una misma palabra puede ser interpretada de diferentes maneras y ya no hablemos de sus valores, porque el término «honor» tendrá un significado distinto entre dos personas cuyos valores del concepto sean diferentes. ¿Puede una máquina saber si le mentimos? Hay mentirosos que superan el famoso detector de mentiras con más facilidad que Pinocho que era de madera. ¿Puede negociar una máquina con alguien que le está vendiendo un mal producto pero es un «pico de oro»? En estos aspectos las máquinas no llegan ni a ser como los gitanos de Machado, que «se mienten pero no se engañan».

Cuando los robots inteligentes decidan acabar con nosotros: Robocalypse

Destaca Stephen Hawking que «el éxito en la creación de IA sería el evento más grande en la historia humana». Max Tegmark y otros científicos advierten que también podría ser nuestro último gran descubrimiento, a menos que aprendamos cómo evitar los riesgos que entrañan en crear poderosas máquinas indestructibles con inteligencia.

En realidad no hay límites sobre lo que podemos lograr. Lo que no podremos evitar es que las máquinas inteligentes cambien la sociedad de manera inimaginable. La industria de la robótica y la IA seguirá adelante, el gobierno de un país puede controlar esta industria y someterla a unas normas, pero habrá muchos otros países que carecerán de ese control. Solo nos queda plantearnos qué podemos hacer para mejorar y aprovechar sus beneficios y evitando los riesgos que entrañan. Unos riesgos que preocupan a científicos como Stephen Hawking, quien avisa por el impacto que pueda tener a largo plazo la robótica inteligente.

Ted Chu en *Propósito y Potencial Transhumano: Una visión cósmica para nuestra evolución futura*, defiende lo que llama «visión cósmica», en la que apoya la creación de una nueva ola de «seres cósmicos» con IA y sostenidos en vida sintética. Seres a los que tendríamos que pasar el testigo de nuestra evolución. Seres que viajarán a las estrellas y transmitirán la vida inteligente en nuestra galaxia. Incluso Hawking entiende que hemos entrado en una nueva etapa de la evolución, y que la colonización de las estrellas, dada las largas distancias que nos separan, sólo se podrá realizar con máquinas inteligentes. Creo que ambos olvidan los avatares que prepara Initiative 2045, cerebros humanos con cuerpos eternos. Paul Davis en *El extraño silencio* advierte que sólo las máquinas serán capaces de soportar la exposición de la radiación que hay en el espacio. También olvida los avatares citados anteriormente.

Ted Chu cree que no tenemos elección. Otros especialistas como Hugo de Garis, ven inevitable un enfrentamiento entre seres humanos y robots y destaca que «una vez que se conviertan en enormemente superiores a los seres humanos, pueden vernos como plagas y decidir acabar con nosotros». Creo que la visión de Hugo de Garis es demasiado pesimista. Por otra parte, quiero recordar que estamos hablando de robots inteligentes, y es difícil concebir un ser inteligente que opte por la destrucción de otros seres, a no ser que estos seres signifiquen una amenaza para él. Claro que también su inteligencia puede concebir actuaciones en las que se confinen a los seres humanos o se esterilicen bajo la perspectiva de que se trata de un bien para nosotros.

Hay un peligro latente y son muchos los que están lanzando advertencias de ese riesgo que nos puede llevar a una Robocalypse. Elon Musk, uno de los cerebros de SpaceX y Tesla, piensa que la IA es «potencialmente más peligrosa que las armas nucleares». Insiste Musk que debemos ser muy cuidadosos «si no queremos que el destino final de la humanidad termine pareciéndose al día del juicio de Terminator».

El filósofo y transhumanista de la Universidad de Oxford, Nick Bostrom, en su libro *Superinteligencia* habla de la creación de la AGI, Inteligencia Artificial General, y la posibilidad de que rivalice con el cerebro humano y sea quien dicte el destino de la humanidad. Recuerda Bostrom que si terminamos construyendo una raza de robots superinteligentes, los únicos culpables de lo que pase seremos nosotros mismos. En cualquier caso la investigación sobre la AGI ya está en marcha con las ventajas que nos pueda aportar y sus peligros, como cualquier otro desarrollo de cualquier nueva tecnología científica, como es el caso de la nanotecnología molecular o la biología sintética, por citar dos tecnociencias emergentes cuyos peligros aun desconocemos ampliamente.

Nunca podremos evitar que un programado solitario y con sus facultades mentales trastornadas, sea capaz de desarrollar una superinteligencia genocida. O que un dictador loco decida crear ejércitos de arañas voladoras robóticas capaces de exterminar a un determinado género de personas.

EL DÍA QUE CONSTRUYAMOS UNA MÁQUINA MÁS INTELIGENTE QUE NOSOTROS

En un futuro no muy lejano, hablo de menos de 20 años, la IA será más rápida y más inteligente que los seres humanos. En este momento ya no dominaremos las máquinas. ¿Qué va a pasar con la humanidad? ¿Qué papel jugaremos en una sociedad en la que las máquinas son más inteligentes que nosotros?

Técnicos e investigadores del Instituto de Investigaciones en la Inteligencia de las Máquinas (MIRI), no dudan que las máquinas serán más inteligentes que los humanos. También proponen remedios para evitar que esa inteligencia no se convierta en belicosa. Nick Bostrom, del Instituto de la Humanidad, es uno de los que insiste en la necesidad de desarrollar una IA, amigable, ya que puede aparecer una inteligencia hostil o, tan superior a nosotros, que le seamos indiferente.

Tenemos que considerar el hecho que una máquina ultrainteligente podrá llegar a replicarse en otras máquinas mejores que ella. Esto originaría la aparición de millones de máquinas, cada vez más inteligentes, que irán dejando muy atrás la inteligencia humana. Sería, sin duda, lo último que fabricaríamos.

¿Qué va a pasar en los días posteriores a la creación de la

primera máquina de IA? ¿Cómo se va a controlar algo que es más inteligente que nosotros? Esa máquina, mucho más rápida que nosotros, pude hacerse con el control del planeta en segundos. Es más, una máquina de IA se dará inmediatamente cuenta que está más preparada que nosotros y puede bloquear cualquier método de desconexión. No estaríamos frente a Hal de *2001: Una Odisea del espacio*. No disponemos de un lugar dónde refugiarnos ni una cámara para desactivar su memoria. Nuestra máquina inteligente está irremediablemente conectada y en condiciones de replicarse inmediatamente.

Una auténtica máquina más inteligente que nosotros posee la capacidad de automejora. Y si es capaz de mejorarse a sí misma, está mejorando la inteligencia que la hace superarse, nos está dejando en un nivel de inteligencia muy por detrás de ella.

Un artilugio así puede llegar a la conclusión, inteligente, que es un bien destruir la raza humana. Tal vez estamos construyendo las máquinas que decidirán el destino del planeta, nada nos asegura que una máquina más inteligente que nosotros tenga los mismo valores morales, éticos y principios que nosotros, y si los tiene puede llegar a conclusiones muy diferentes de las que hemos llegado los seres humanos.

Estamos ante un problema difícil de resolver, personalmente no tengo una respuesta concreta, ya ha sido bastante inquietante el hecho de planteármelo. En cualquier caso, si el lector quiere saber algo más, tal vez encuentre respuestas en el libro *Super-inteligencia: Caminos, Peligro, Estrategias*. Es del filósofo Nick Bostrom. Bostrom es el cofundador de la Asociación Transhumanista Mundial, y en la actualidad es director del Future of Humanity Institute de Oxford.

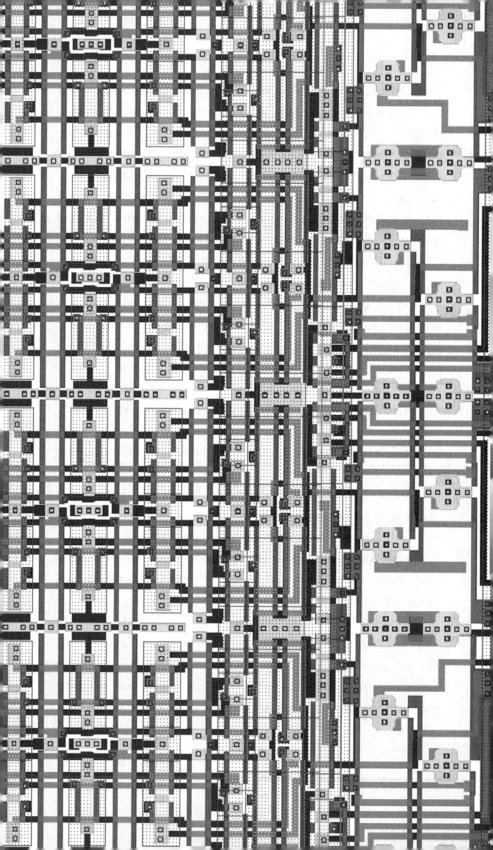

CAPÍTULO 3

INTELIGENCIA ARTIFICIAL Y ORDENADORES, LA TECNOLOGÍA QUE CAMBIARÁ EL MUNDO

«*Tenemos en el cerebro, aproximadamente, unos 84.000 millones de neuronas, y ninguna sabe quiénes somos y, además, no les importa lo más mínimo.*»

JORGE BLASCHKE *El cerebro 2.0*

«*Construiremos un ordenador que piense como una persona, con la ventaja que no tendrá que comer ni dormir.*»

SCOTT VICARIOUS DE VICARIOUS FPC

«*Estamos entrando en los albores de la era de la inteligencia artificial.*»

MCAFEE, FUNDADOR DE MCAFEE INC

COPIAR EL CEREBRO HUMANO

Un día los científicos se dieron cuenta de dos hechos: que el cerebro era una asignatura pendiente de la que no sabíamos apenas nada y que la mayoría de las enfermedades que afectaban a los seres humanos estaban relacionadas con este órgano.

La historia de la evolución humana nos obliga a investigar el pasado y adentrarnos en millones de años atrás, la cosmología nos sumerge en el pasado del *big bang* y en el lejano mundo de los confines de nuestro Universo. Pero el cerebro lo tenemos aquí, en el presente y en un momento que disponemos instrumentos para estudiarlo mejor que nunca. Ya no tenemos que perforar el cráneo para eliminar un dolor tumoral como hacían antaño, ni tenemos que practicar una lobotomía para curar a los psicóticos, depresivos o a los que padecían desordenes obsesivos-compulsivos. Hemos dejado atrás prácticas quirúrgicas en las que se utilizaba como instrumento principal el «picahielo», un mazo de caucho con el que se ayudaba a abrir el cráneo. Una auténtica tortura, una más de las terribles prácticas que utilizó la medicina del pasado, un práctica que si no dejaba tarado al paciente para toda la vida, le producía fuertes secuelas o lo dejaba sordo como mínimo.

Los proyectos Blue Brain y Human Brain Project, son los intentos de desarrollar un ordenador constituido bajo un modelo biológicamente realista de neuronas tal y como las dispone el cerebro humano. Estos objetivos se quieren alcanzar antes de 2016.

Los investigadores se encuentran con que, mientras las redes del cerebro son tridimensionales, los ordenadores procesan la información de una forma muy lineal, aunque millones de veces más rápidas que el cerebro. En la actualidad se está experimentando con ordenadores neuromórficos que utilizan tecnología óptica a través de la cual se puede, potencialmente, procesar miles de millones de cálculos simultáneos. Con este procedimiento se podría simular un cerebro humano completo.

Es lo que pretenden con Icub, un robot humanoide creado en Génova que forma parte de un proyecto europeo en el que colabora la Universidad Pompeu Fabra de Barcelona con el grupo de IA Specs. Con este Icub, valorado en 250.000 €, y de los que sólo hay 30 en el mundo, se pretende entender cómo funciona la mente, comprender las emociones y las percepciones.

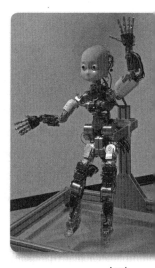

Icub

La idea es colocar este tipo de ordenadores en robots humanoides convirtiéndolos en máquinas que se comporten como los seres humanos y lleguen a realizar cualquier tarea mejor que un ser humano real. Robots que sustituirían a los seres humanos en todas sus actividades. Por ahora dejemos aquí el asunto de los robots que ya abordaremos ampliamente en los próximos capítulos. Pero, no podemos evitar ser conscientes de cierta inquietud. Es posible que el lector se pregunte: ¿Qué harían entonces los humanos? ¿Sin trabajo de que vivirían? El ser humano podría emplear su tiempo en actividades de ocio, cultura, formación e investigación. Podríamos pintar, participar en concursos literarios, dedicarnos a investigar en diferentes disciplinas y formarnos con dos o tres carreras. La economía dependería de los robots que trabajarían por nosotros. Eso originaría un gran cambio en el modelo del sistema en que vivimos, ya que los alimentos y la energía se convertirían en bienes gratuitos, y los ciudadanos recibirían una asignación mensual fija del Estado, una asignación que podrían bien ser vales descuento para adquirir determinados productos. Los robots serían los que generarían la riqueza explotando minas en profundidades inaccesibles de nuestro planeta, en otros planetas o en los fondos marinos. Incluso la producción agrícola dependería de estas máquinas. La riqueza de un país se mediría por la cantidad de robots que trabajasen, por lo que todos los gobiernos primarían la producción de los robots. Al disponer de más tiempo, el ser humano, podría formarse en varias especialidades e investigar en distintos campos, lo que originaría una gran riqueza de conocimientos y un mayor progreso en la humanidad.

MareNostrum, la computadora «más guapa»

Junto a la Universidad Politécnica de Barcelona (UPB), se encuentra la capilla Torre de Girona, en cuyo interior alberga la computadora MareNostrum 3.

Cuando uno entra en la estancia donde está ubicado MareNostrum 3, queda sublimado por el contraste que produce estar frente a la más moderna tecnología creada por el ser humano y su ubicación entre columnas góticas, accesos con puertas ojivales de la misma época y vidrieras con imágenes de colores de la capilla desacralizada de Torre Girona[1]. Entonces uno comprende porque han nominado a MareNostrum 3 la computadora «más guapa».

Un ordenador es una máquina electrónica que recibe y procesa datos para convertirlos en información útil. Pero la denominación computadora se utiliza preferentemente para desig-

---

1. Mediados siglo XIX

nar un complejo más grande que un ordenador de mesa o un portátil. Así diríamos que el complejo denominado MareNostrum 3 es un ordenador. En este libro utilizaré ambos términos y, especialmente, cuando me refiera a un gran complejo utilizaré la expresión computadora.

Así, un ordenador o una computadora está compuesto por circuitos integrados con la finalidad de ejecutar, cada vez más rápido, una gran variedad de secuencias, ordenar, organizar, sistematizar o almacenar datos que le suministramos. Este proceso se denomina «programación». Para funcionar la computadora precisa in*puts* (entradas de datos) que procesará y que saldrán procesados (*outputs*) de acuerdo a lo que se le haya solicitado al programa. Estos datos procesados pueden ser transferidos a otros componentes a través de diferentes sistemas o recogidos en la unidad de almacenamiento.

Los ordenadores pueden ser de distintos tamaños, un aspecto que dependerá de su potencia, velocidad y memoria, aunque la tendencia es, a través de nuevos materiales, reducir sus tamaños. Uno de los adelantos que se han conseguido gracias a las comunicaciones, es que podemos estar trabajando con la computadora más grande del mundo desde nuestro domicilio con un simple portátil conectado a esa computadora.

Podemos hablar de diferentes tipos de computadoras: analógica, biológica, cuántica, híbrida, etc. Una máquina o un robot pueden llevar o estar conectados a un ordenador. Antes de detallar estas computadoras haremos un breve recorrido por las más grandes del mundo.

Empezamos por MareNostrum 3, gestionada por Barcelona Supercomputing Center – Centro Nacional de Supercomputación (BSC – CNS). Su antecesora, Mare Nostrum 2, cuando se construyó, pasó en el ránking de estar entre las diez primeras a ser la número 465. MareNostrum 3 es doce veces más potente. Destacaremos que esto del ránking es pasajero, ocupar los primeros lugares, tal y como se progresa en el mundo en esta tecnología, sólo otorga puestos efímeros. En el caso de MareNostrum 3 se mantiene el objetivo de renovarlo cada dos años para poder mantenerlo actualizado. No está entre las más grandes del mundo pero es la más grande de nuestro país.

Un ordenador tiene un gran gasto de mantenimiento: placas impresas que se calientan y hay que reemplazar, circuitos de refrigeración que hay que mantener. En este último aspecto, para tener una idea de gastos, el circuito de refrigeración de MareNostrum 3, por agua, consume por valor de 1,2 millones de euros al año. Anteriormente este circuito era por aire, lo que significaba el doble de consumo. En cuanto a sus placas cada semana se debe cambiar alguna que se ha deteriorado.

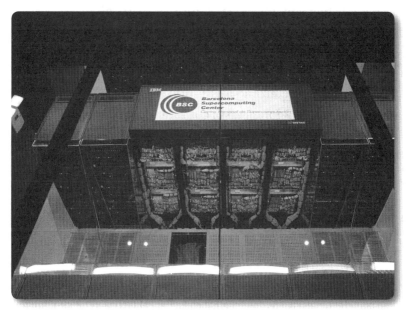

MareNostrum 3, la supercomputadora

MareNostrum 3, que ocupa 170 m² y pesa 40.000 toneladas, está colocada dentro de un cubo irregular cuyas paredes de cristal pesan 19 toneladas y su estructura de hierro 20 toneladas. Dentro de esta «pecera» gigante, MareNostrum 3 desarrolla una capacidad de cálculo de 94 billones de operaciones por segundo y trabaja en la secuenciación del genoma de las células de la leucemia; mejora las predicciones meteorológica y el clima, así como la calidad del aire; estudia cómo actúan las proteínas en el interior de las células y desarrolla proyectos de genómica; realiza cálculos para mejorar el diseño de los molinos de viento de energía eólica; y colabora en la búsqueda y detección de depósitos de hidrocarburos, así como su explotación. Recientemente MareNostrum 3 se ha utilizado en una simulación dentro del proyecto Horizonte, en la que la computadora reconstruyó 100.000 galaxias virtuales y demostró que la mayor parte de ellas crecen por la creación continua de gas llegado de corrientes frías a través de filamentos que convergen hacia halos de materia oscura y gas caliente.

Curiosamente la última vez que estuve en MareNostrum 3, advirtiéndole que si quería no tenía por qué responder a mi consulta, le pregunté a un técnico, si las Fuerzas Armadas Españolas habían realizado algún tipo de simulación explosiva, nuclear o convencional, en la computadora. Rápidamente me contestó: «No lo han solicitado todavía». Que no lo hayan solicitado puede ser normal, lo preocupante es el «todavía».

El podio indefendible

Pese a esa gran capacidad de cálculo de MareNostrum 3, ya lo hemos dicho, existen otras mucho más potentes en el mundo.

En 2012 se distingue como la computadora más potente del mundo Sequoia de IBM. Sequoia está en el Laboratorio Nacional de Livermore en California, EE.UU. En 2012 se calificó como la top 1, la top 2 se adjudicó a KComputer de Fujitsu en Kobe, Japón.

Sequoia realiza 16.320 billones de operaciones por segundo. Utiliza 1,5 millones de procesadores. Del Top 10 del mundo en Europa hay 3 supercomputadoras, 3 en EE.UU. En el Top 100 hay 37 supercomputadoras en EE.UU; 9 en Japón, 9 en Francia, 9 en Alemania. España está el puesto 176 en Barcelona. En el Top 378 esta Altamira en Cantabria de 79,87 teraflops (un tera = 1012). La utilidad de Sequoia es la simulación de explosiones nucleares, simulaciones del *big bang* y expansión del Universo, plegamientos tridimensionales de proteínas, aviónica y astronáutica.

A Sequoia le duró poco el palmarés, ya lo he dicho, ser la número uno es un triunfo efímero. Titán del Laboratorio Nacional de Oak Ridge (USA) se convirtió en la primera, algo que sus creadores sabían que sería un podio transitorio y fugaz, lo que no esperaban es que la computadora que ocupara su lugar procediera de China.

Aunque ya he hablado de esta nueva computadora cabe recordar que a partir de mayo de 2014 ha empezado a funcionar en China la computadora más potente del mundo: Tianhe 2.

Tianhe 2 tiene una velocidad de procesamiento de 33,86 billones de operaciones de punto flotante por segundo (petaflops), su capacidad de procesamiento pico teórico es de 54,9 petaflops. Su competidor más cercano tiene 17,59 petaflops, y es Titán, del Laboratorio Nacional de Oak Ridge (USA), la mitad de potencia de cálculo que Tianhe 2. Tianhe 2 ha sido construida por la Universidad Nacional de China de Tecnología y Defensa. El fabricante es TI Inspur. Su precio, increíblemente bajo es de 390 millones de dólares. MareNostrum alcanzó el modesto precio de 22,7 millones de euros.

Cuando termino este libro Tianhe 2 sigue ocupando el puesto número uno, a no ser que consideremos que ese lugar le corresponde a la misteriosa computadora cuántica que se reparten entre la NASA, Lockheed Martin y Google. En junio de 2014, Top500 hizo pública la lista de las 500 computadoras más potentes, la primera seguía siendo Tianhe 2; la segunda IBM; y la tercera Cray, un ordenador instalada en un lugar no revelado del Gobierno de EE.UU. De las 500 más importantes, Estados Unidos poseía más del 60%.

LA COMPUTADORA CUÁNTICA: UN BEBÉ PREMATURO

Extraoficialmente se sabía que Lockheed Martin, la NASA y Google disponían de un ordenador cuántico en sistema D-Wave fabricados por la Jet Propulsion. Esta poderosa computadora está situada en la NASA Ames Research Center en Mountain View, California, a un par de kilómetros del Googleplex.

La idea de construir un ordenador cuántico es del físico Richard Feynman y se basa en la utilización de las leyes de la mecánica cuántica. Feynman consideró que un ordenador cuántico sería siempre más rápido que un ordenador convencional.

Sabemos que los ordenadores convencionales trabajan con ceros y unos, de forma que cualquier cifra puede ser expresada en ese sistema binario. El ordenador cuántico utiliza qubits, que son ceros y unos a la vez. Los ordenadores cuánticos se basan en que una partícula elemental, como un electrón, tiene dos estados que se denominan *spin up* y *spin down,* según las leyes cuánticas puede estar a la vez en *up* y *down*, es decir, en superposición. Podemos imaginar el *spin up* como cero y el *spin down* como uno, y se tiene la superposición que es el *spin* parcialmente *up* y parcialmente *down*, algo así como parcialmente cero y parcialmente uno. Esta superposición produce una gran potencia en los ordenadores cuánticos.

La superposición del estado cuántico permite que un ordenador cuántico acceda a todas las combinaciones de qubits simultáneamente. Un ejemplo de las posibilidades de cálculo lo tenemos en el hecho que con un sistema de 1.000 qubits se comprobarían 21.000 soluciones potenciales en segundos, una proeza que no puede realizar ni por asomo la computadora más potente del mundo.

Un cálculo que en un ordenador convencional requeriría años podría realizarse en un segundo en un ordenador cuántico. Usando partículas entrelazadas como qubits, los algoritmos pueden navegar mucho más rápidos y también puede hacer uso de más variables. Las posibilidades de investigación en todos los campos son extraordinarias con un ordenador cuántico.

Por ahora la existencia de esta computadora cuántica está restringida a sus inversores y constructores, hasta el punto que ni siquiera se digna a competir con otras computadoras mundiales por ese Top One anual. La computadora cuántica de Lockheed Martin, la NASA y Google es un secreto a voces.

La computadora cuántica es un cubo de unos tres metros de altura, con un congelador que genera una temperatura 150 veces más fría que el espacio profundo, y un chip basado en pequeños bucles de alambre de niobio.

Detallaré algo más sus componentes. Así está computadora cuántica está compuesta por un congelador que utiliza helio líquido para enfriar el chip D-Wave a 20 milikelvin, lo que es decir como ya he adelantado, una temperatura 150 veces más fría que espacio interestelar. El calor y el «ruido» son los principales enemigos de un ordenador cuántico. Dispone, a su vez, de discos de cobre bañados en oro que alejan el calor del chip con el fin de mantener la vibración y otras energías que perturban el estado cuántico del procesador. Luego está el niobio Loops, una red de cientos de pequeños bucles de niobio que sirven como bits cuánticos o qubits, estos bucles forman parte del corazón del procesador, su enfriamiento deja paso a los comportamientos de la física cuántica. Finalmente hay que destacar 190 cables que conectan los componentes del chip y que están envueltos en metal para protegerlos contra los campos magnéticos. Sólo un canal emite en fibra óptica información hacia fuera.

Existen profundas divergencias entre los científicos que han accedido al sistema y los que lo están poniendo a punto. En realidad nadie está seguro si el D-Wave es un ordenador cuántico o simplemente un ordenador clásico muy peculiar. La verdad es que ni siquiera las personas que lo están haciendo funcionar saben exactamente cómo funciona y lo que puede hacer.

Aquí se ha originado un gran debate entre especialistas, algunos concluyen que tiene un comportamiento cuántico pero que no se está usando productivamente. Los problemas técnicos surgen constantemente y el estado cuántico de los bucles de niobio no se sostiene. Luego están los problemas de velocidad, asunto que se achaca a la necesidad de afinar cada qubit al nivel correcto en el panorama de resolución de problemas. El ruido es otro problema que se piensa solucionar con una versión nueva del 1000-qubit, que se conoce con el nombre clave de Washington.

A finales de mayo de este año, D-Wave anunció la existencia de la computadora cuántica, desmintió la existencia de problemas y reveló que su coste había ascendido a 15 millones de dólares, lo que no es una cifra elevada dado la complejidad de la máquina.

Como ya se suponía el entrelazamiento cuántico se había convertido en un paso clave. En la revista científica *Physical Review-X* se explican todos los detalles y se admite que un ordenador de este estilo no se esperaba hasta dentro de una o dos décadas. La computadora cuántica era como un bebe prematuro.

Las dudas surgidas por algunos expertos sobre si se trata de un ordenador cuántico o un ordenador muy especial, parecen haber quedado disipadas. Se ha construido un ordenador cuántico que funciona según los principios fundamentales de la mecánica cuántica.

Muy brevemente recordaré algo de estos principios. El principio de superposición afirma que una partícula, un electrón por ejemplo, puede existir en todos sus estados simultáneamente. Otro efecto cuántico, muy relacionado con la nueva computadora, es lo que se conoce como "enredo", un fenómeno por el cual los objetos se vinculan, incluso aunque uno esté en una punta de nuestra galaxia, y el otro en la punta opuesta. La distancia no es un impedimento para esta vinculación.

Los qubits que tienen que sincronizarse mediante un efecto conocido como "entrelazamiento", efecto al que Albert Einstein llamó: acción fantasmal a distancia.

Lo que se ha logrado demostrar a los críticos de la nueva computadora, es que el enredo es estable, que es persistente a lo largo de una operación crítica del procesador. Los técnicos de la computadora cuántica dicen que no hay manera de evitarlo y que sólo los sistemas cuánticos pueden entrelazarse, lo que han encontrado lo que buscaban.

Una de las trampas de la física cuántica es la imposibilidad de ser testigo de un proceso cuántico sin interferir en él. Desde el momento que observamos estamos modificando lo observado. Es como si observamos una gota de agua a través de un microscopio, en el mismo instante que la iluminamos, la gota de agua se altera por los fotones que la iluminan, o sea, que hemos interferido para poderla observar y este es un hecho irremediable.

Al ser testigo tenemos que tener cuidado de no convertirse en parte de lo que estamos viendo, pese a ello, los constructores de la computadora cuántica, han utilizado técnicas que les han permitido demostrar que el entrelazamiento entre un número bastante grande de qubit es estable.

Cuando todos creían que la computación cuántica llegaría a un ritmo más lento, ha surgido este bebé prematuro que según todos los pronósticos tendría que haber nacido alrededor del 2034.

Neurogrid: El simulador del cerebro

A comienzos de 2014, investigadores de la Universidad de Stanford anunciaron el desarrollo de una placa de circuitos que imita el comportamiento del ser humano y que, además, tenía una producción de potencia de procesamiento mayor que los PC clásicos. La nueva placa fue bautizada con el nombre de circuito Neurogrid, y era capaz de imitar los procesos de un millón de neuronas humanas, quiero recordar que el cerebro tenemos aproximadamente 84.000 millones de neuronas.

Mediante la combinación de 16 microchips NeuroCore, los investigadores han llegado a un nuevo punto de referencia en la simulación por ordenador-cerebro. Anteriormente se intentó simular el proceso cerebral con chips de silicio. El proceso Neurogrid[2] se basa en la combinación de los procesos informáticos analógicos con los digitales, con esta combinación se podrá modelar un billón de sinapsis.

Los chips de silicio utilizados anteriormente son típicamente de dos dimensiones, hecho que limita el número de corrientes que se pueden utilizar. Es un proceso en gran medida lineal cuando el cerebro se comporta de una manera tridimensional, ya que muchas neuronas se disparan simultáneamente. Se precisa por tanto una combinación de procesos analógicos y digitales.

Por ahora, el Neurogrid, desarrollado por bioingenieros está destinado específicamente para modelar el cerebro humano. Los objetivos con Neurogrid, según sus creadores, es utilizarlo para seguir las pautas de organización del cerebro: cómo se transmite y envía datos. Luego vendrá el estudiar cómo aprovechar el poder de este Neurogrid para el uso práctico.

Son muchos aun los problemas para resolver, como el reducir la fuga de la energía de Neurogrid que puede llegar a sobre-

---

2. En un cerebro adulto existen como mínimo 1014 conexiones sinápticas, en un niño 1000 billones.

calentar el cerebro humano cuando interactúan. También está el problema de la reducción de costes, actualmente en 40.000 dólares. Hay que pensar que una de las aplicaciones de Neurogrid es su aplicación en el manejo de miembros de prótesis.

La misteriosa empresa del este de Londres

¿Había usted oído hablar antes del año pasado de la empresa Deepmind? No se preocupe amigo lector, yo tampoco tenía ni idea que existía hasta que el año pasado Google la compró, realizando una de las mayores adquisiciones europeas.

Deepmind es una empresa prácticamente desconocida que le ha costado a Google 400 o 500 millones de libras, con las operaciones comerciales de Google no se sabe nunca exactamente por cuanto ha comprado, contratado o vendido. No es que la empresa sea discreta, es que esta actitud forma parte de una estrategia comercial muy inteligente. Dicen que cuando se acordó esta estrategia fue porque uno de sus ejecutivos anunció en una reunión: «Dejad que la competencia ponga precio, así sabremos cuánto habrían pagado ellos».

Deepmind es una discreta empresa situada en el este de Londres con 50 o 75 personas empleadas. Está especializada en IA, e investiga en tecnologías diseñadas para imitar el pensamiento humano. Sin embargo hasta ahora sus productos sólo han tenido éxito en algunos juegos que ha vendido a través de su página web, ya que no tiene ni un solo producto disponible en el mercado.

Se trata de una empresa algo más que discreta, muy reservada, tanto que muchos de los competidores del mismo sector –SwiftKey, Celaton, Lincor, Fetaurespace-, no habían oído hablar de ella ni sabían dónde estaba ubicada. Eso confirma el hecho que en cualquier parte remota del mundo puede existir un laboratorio que esté realizando investigaciones en campo que en otros países están prohibidas. Este no es el caso de

Deepmind, pero que una empresa de tecnología punta haya pasado desapercibida tendría que hacer sonar todas las alarmas.

¿Por qué la compró Google y qué planes de futuro tiene en ella? Es evidente que Google tiene interés en el campo de la IA, algo que le habrá contagiado su nuevo director Ray Kurzweil, como su espectacular interés en la robótica que le ha llevado a comprar las principales empresas del sector.

Deepmind ha trabajado en lo que se denomina aprendizaje automático esa capacidad que tienen los ordenadores de, por ejemplo, distinguir entre los mensajes del e-mail los que son spam. En los vehículos sería aplicable en reconocer automáticamente las señales de tráfico, y en los juegos captar y entender los movimientos del cuerpo en 3D. Su aplicación estrella está en la medicina ayudando a los médicos a elaborar un diagnóstico.

La adquisición de Deepmind por Google puede ser debido al interés de esta última en los coches automáticos, pero también a otros factores e investigaciones de Calico, empresa de la que ya hablaremos al tratar el proyecto Initiative 2045.

Google sueña con predecir lo que la gente desea antes de que lo soliciten. No puede leer las mentes de los seres humanos, por ahora, pero si tiene los medios adecuados de información que pueden adelantarse con una posibilidad de éxito del 80% en saber que nos interesa. Por otra parte la IA es aplicable a todos los productos de Google: búsqueda de información, traducciones, filtrados de spam.

La meca de la IA no es sólo un sudoroso camino por el desierto de Google, sus rivales van detrás de esta empresa, paralelamente e incluso por delante. Me refiero a rivales como Amazon, Microsoft y Facebook.

Silicon Valley, un lugar extraño con un raro lenguaje

Destacan los expertos que si no hemos utilizado antes la IA es debido a que los ordenadores no han sido lo suficientemente potentes como para manejar el procesamiento de datos numéricos que se precisan. Hoy las potentes computadoras resuelven problemas en segundos que hace tan solo menos de un año costaban días o meses. Todos somos conscientes que Google recoge muchos datos personales de sus usuarios, incluidas las historias de sus búsquedas, compras, gustos, y con estos datos crean perfiles que les permiten dirigir la publicidad de una forma personalizada.

Haga usted mismo la prueba, dedíquese a buscar a través de Internet un anillo de compromiso de circonita, busque durante una semana, entre en comercios y vendedores especializados. Al cabo de una semana la publicidad que aparece en sus páginas estará enfocada a los anillos de compromiso y la circonita.

Este ejemplo que he puesto es sólo anecdótico, volvamos a los ordenadores y busquemos analogías entre las máquinas y ser humano. Veremos que los algoritmos genéticos son como los procesos de evolución de las cadenas de ADN; las redes neuronales artificiales funcionan igual que el cerebro humano; y el razonamiento mediante una lógica formal es análogo al pensamiento abstracto humano. Nuestras percepciones y acciones se pueden obtener y producir por sensores mecánicos, pulsos eléctricos u ópticos en computadoras.

Según Stuart J. Russell y Peter Norvig no toda la IA es igual. Existen sistemas que tratan de pensar como los humanos o tratan de emular su pensamiento, como es el caso de las redes neuronales artificiales. Otros sistemas tratan de actuar como los humanos, es el caso de los robots que llegan a realizar tareas humanas. Luego sistemas que tratan de pensar racionalmente como los humanos, es decir, tratan de emular el pensamiento lógico racional del ser humano. Y sistemas que actuarán racionalmente, emularán de forma racional el comportamiento humano.

El físico Elon Musk, el creador de Facebook, Mark Zuckerberg y el actor norteamericano Ashton Kutcher, todos ellos multimillonarios y con varias empresas en el sector emergente de las nuevas tecnologías, decidieron en uno de sus encuentros construir un ordenador que pensase como una persona. Reunieron 40 millones de dólares y los invirtieron en la empresa de IA, Vicarious FPC.

Esta empresa espera poder construir un sistema capaz de replicar las funciones del córtex cerebral humano, la parte más evolucionada y que controla la mayor parte de nuestras funciones. La idea es construir un ordenador que piense como una persona, un ordenador dotada de IA.

La incorporación de Elton Musk a Vicarious FPC, dará un gran impulso a las investigaciones de IA. Musk tiene sus inversiones en compañías de coches eléctricos, así como desarrollo de cohetes en Space X; en cuanto a Zuckerberg tiene un interés personal por la IA.

Vicarious espera desarrollar una versión de computadora que actúe como el neocórtex cerebral con sus percepciones sensoriales, capacidad de lenguaje y comprensión matemática. Zuckerberg y Musk piensan en llegar mucho más lejos y quieren desarrollar un sistema de inteligencia artificial sofisticado que pueda comprender las formas, objetos y texturas.

En estos momentos se están elaborando miles de proyectos sobre IA, robótica y tecnologías emergentes, proyectos que cambiarán el mundo más de lo que podemos imaginar.

De IBM se ha pasado a Silicon Valley, cuna de todas las tecnologías emergentes. Silicon Valley era el paraíso de las comunicaciones que permitieron el impulso de los móviles, el desarrollo de Internet, Facebook, Twitter, etc. Es un lugar extraño donde se maneja un lenguaje raro que les encanta utilizar a los descuidados técnicos de este paraíso de ideas. Hoy las empresas de Silicon Valley se interesan por la robótica, la IA, la biotecnología y la inmortalidad. Este último interés traído de la Universidad de la Singularidad del MIT por Ray Kurzweil. Ahora las empresas de Silicon Valley no quieren sólo programadores, ingenieros de sistemas o electrónicos, recogen a la gente que tiene estudios sobre los conceptos básicos de la IA, aprendizaje automático, bioingeniería, neurociencia computacional, criogenia, neurofísicos y toda una serie de nuevas disciplinas cuyos descubrimientos están cambiando el mundo.

Según la clasificación mundial de Startup Genome, Silicon Valley es el primer lugar de innovación tecnológica del mundo. Estoy seguro que el lector se sorprenderá cuando le diga quién ocupa el segundo puesto en el mundo, lo ocupa un lugar denominado Silicon Wadi, un pequeño valle hebreo con más de 5.000 compañías tecnológicas, entre las cuales solo un 5% son extranjera.

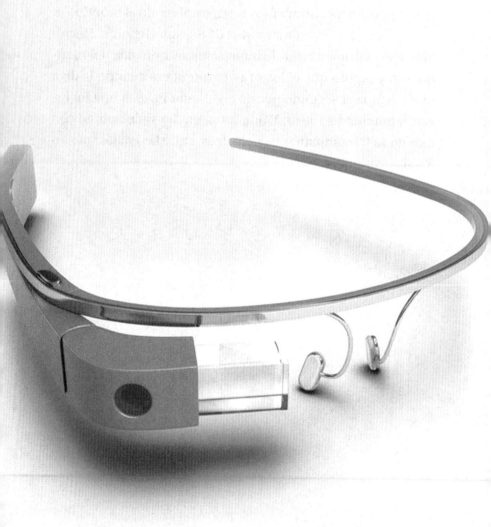

CAPÍTULO 4

UN MUNDO CONECTADO Y SUS *GADGETS*

«*¡Nunca he tenido una cámara en mi cerebro!*»

Truman al director del programa en *The Truman Show*

«*Kitt, te necesito.*»
Michael (David Hasselhoff)
en la serie *El coche fantástico*.

«*Vivimos en la cuarta revolución industrial en la que la robótica va a tener mucho protagonismo.*»

J. L. Elorriaga (presidente de la Asociación Española de Robótica)

Esos jóvenes chalados con sus locos aparatos

Será como una inmensa tela de araña que cubrirá todo el planeta, extendiéndose en redes hacia las colonias de la Luna y Marte. Todos estaremos conectados con todos. Y esa red ya se está tejiendo en la Tierra donde podemos comunicarnos con cualquier parte del mundo.

La sociedad del futuro estará siempre conectada. Hoy vemos a gente que se mantienen, a todas horas, completamente «enganchados» a sus teléfonos móviles, *smartphone*, pantallas iPad, etc. En el futuro este escenario proliferará, al principio con las gafas Google Glass y más adelante con chips incorporados en el cerebro sin la necesidad de invasiones quirúrgicas. Este último procedimiento parece un acontecimiento de ciencia-ficción a largo plazo. Sin embargo, para llegar hasta ahí sólo precisamos conocer a fondo nuestro cerebro, sus conexiones, su funcionamiento, la localización exacta de sus puntos sensibles y otros aspectos neurológicos, toda una serie de conocimientos que están intentando descubrir en los proyectos desarrollados por Europa y Estados Unidos: Blue Brain y Brain Proyect.

En el capítulo noveno abordaré más ampliamente los procesos conocidos como BIC (Brain Interface Computer), por ahora aceptemos que el ser humano tiende a querer estar en contacto permanente con su amigos u otras personas, y eso es una realidad que permitirá el desarrollo de las nuevas tecnologías de comunicación y su comercialización. La conexión constante triunfará, por el simple hecho de que el ser humano necesita hablar aunque sea con las piedras. Somos «monos» parlanchines, precisamos «colocar» nuestros mensajes, «largar», chismorrear, consecuencia por la cual, en ocasiones tenemos que soportar tremendas «palizas» de temas que no nos interesan lo más mínimo. Temas insustanciales y profanos que soportamos por educación. Trato de evitar estos lavados de cerebro con una camiseta que tengo que recoge en su parte delantera la siguiente inscripción: «No es que tenga déficit de atención, es que no me interesa lo que me explicas».

Estar comunicados soluciona, psicológicamente, problemas de soledad que afectan a muchas personas, les libera de angustiosos pensamientos sobre su ser y su destino, se sienten arropados por alguien, evitan el silencio y tranquilidad en los que aparecen los pensamientos más inquietantes, unos pensamientos que angustian a muchas personas porque les llevan irremediablemente a enfrentarse con su destino final: la muerte.

El don del lenguaje no lo adquirimos para expresar todo lo que circula por nuestro cerebro como hacen muchas personas. Tenemos que dedicar un tiempo a reflexionar aspectos vitales e incluso a intentar, a través de la meditación, el silencio, la vacuidad.

El sistema no nos es propicio a los silencios, es un mundo comunicado, en el que degustamos un café en una cafetería mientras leemos tranquilamente las noticias de todo el mundo en nuestros móviles, nuestra tableta o a través de nuestras gafas. Nos levantamos por la mañana, al ser despertados por nuestro móvil, y en su pantalla tenemos un resumen de la agenda del día; en el futuro lo conectaremos a nuestro cuerpo y conoceremos las constantes fisiológicas con las que nos hemos levantado (colesterol, ácido úrico, triglicéridos, etc.). A partir de esa información, que podremos o no enviar a nuestro médico, posiblemente un ordenador con IA que nos ofrecerá, a través de móvil, el tipo de desayuno que precisamos esa mañana para cubrir las necesidades (vitaminas, proteínas, enzimas, etc.) que precisamos, incluso qué *smartdrugs* (nootrópicos) debemos ingerir ese día. No estoy hablando de fantasías del futuro. *Park*, espacio de investigación de Xerox que realiza mucha investigación secreta para el Gobierno de EE.UU., está desarrollando superficies flexibles que incluyen electrónica y se adaptan a la ropa. Sus sensores recaban información del cuerpo humano y lo transmite a otros dispositivos. Por ejemplo un pequeño parche que toma datos de las constantes vitales de un enfermo o un soldado aislado.

Sigamos en nuestro presente en el que mientras desayunamos tenemos la información del clima de la jornada; así como programas que, en función de ese clima, nos proponen la ropa más adecuada y nos aconsejan la ruta más despejada para llegar hasta el lugar de nuestro trabajo, eso suponiendo que no seamos como muchos de los ciudadanos que trabajen desde casa en un PC conectado a la oficina; situación que se proliferará en el futuro.

En la actualidad, durante el recorrido hasta nuestro lugar de trabajo, tenemos los primeros contactos con amigos, a través de nuestro *smartphone*, con los que hacemos planes para el final de la jornada o escucharemos sus problemas y les aconsejaremos. La agenda nos anuncia las efemérides del día, los actos, conferencias o acontecimientos lúdicos que tienen lugar en nuestra ciudad o el lugar que deseemos.

El resto de las actividades del día dependerán del trabajo que tengamos. Pero en cualquier caso la conexión continúa con bancos, proveedores, clientes, etc. Cada profesión tiene sus conexiones particulares, la red ya es ahora una inmensa tele de araña que cubre todo el mundo.

Estas conexiones nos aconsejan el menú más recomendado para nuestra salud, considerando nuestras constantes diarias. Esto es un hecho que cada vez proliferará más. Muchos centros médicos, que disponen de nuestro historial, ofrecen sus servicios en los asesoramientos de la alimentación, sistemas informatizados personalizados.

Es un mundo que puede gustarnos o no, pero en el que irremediablemente vivimos y crecerá exponencialmente, es una locomotora de alta velocidad que viene sobre nosotros. Un mundo que ya estamos viviendo y que será lo habitual en apenas un par de años

Evidentemente también existirán los «desconectados», que en la actualidad ya existen, son por general personas mayores de 65 años que viven solos y no se identifican con las innovaciones de comunicación o les da la impresión que no les concierne a ellos. En realidad los «conectados» son personas de menos de 40 años y para algunos, estas conexiones, se han convertido en indispensables. Cada vez el impacto de estas tecnologías es más relevante en nuestra vida social, y en algunos caso significan la pérdida de algunos privilegios que disfrutábamos, ya que nos abocan a un mundo que también tendrá su lado oscuro en el que con las nuevas innovaciones llegará el fin de nuestra intimidad.

EL FIN DE LA INTIMIDAD

Actualmente no podemos pasear por una calle de una gran ciudad sin que nuestra imagen no sea grabada por algunas de la miles de cámaras que vigilan el tránsito, y que según los gobernantes actuales están colocadas para velar por nuestra seguridad. Esa vigilancia con cámaras continúa en los bancos a los que accedemos y en los comercios. En este caso se trata de lugares cerrados de propiedad privada, y es evidente que dentro de su casa cada uno puede grabar lo que quiera.

Desde el espacio pueden seguir vigilándonos ya que existen satélites que son capaces de reconocer el valor de una moneda ubicada en medio de una calle. Un poco más bajo tenemos los helicópteros de tráfico o los policiales en las ciudades. Y aún más bajo pronto estarán los drones.

Tal vez la vigilancia más desleal e incontrolada a la que somos sometidos es la grabación de nuestras conversaciones telefónicas, con y sin permiso del juez. Del control de nuestras llamadas telefónicas pasamos al control de nuestra correspondencia, e-mail, y de ahí la irrupción en nuestros ordenadores. Sépase que, desde el momento que conectamos nuestro ordenador a Internet, Facebook, Twitter o cualquier otra línea en la Red, cualquier *hacker* puede entrar en lo más profundo de nuestros ordenador, pasearse por la entrañas del PC y copiar cualquier carpeta.

La utilización de la tarjeta de crédito deja un rastro sin precedentes de nuestra actividad como consumidor: lo que gastamos cada mes, la deuda de nuestra Visa, dónde hemos gastado nuestro dinero y en que, por qué ciudades nos movemos, a qué hora, etc. Un perro sabueso no encontraría una pista más sencilla para seguir. Las tarjetas de crédito están aliadas con los ordenadores para crear un historial financiero de cada uno.

Vivimos en un sistema que ya es orwellano, pero esa situación sólo será el principio de un mundo que puede convertirse en una auténtica pesadilla para aquellos que defiende profundamente la intimidad privada.

A partir del próximo año nos enfrentaremos, además de todo lo ya citado, a la vigilancia de los drones, policiales, particulares y de los *paparazzis*. Podemos vivir en una casa amurallada a prueba de teleobjetivos, pero no podremos evitar que un dron vuele sobre nuestra piscina y nos grabe. Podremos estar en la planta 60 de un rascacielos y si no tenemos las ventanas cerradas un dron nos puede grabar en la intimidad del hogar. Y si las ventanas están cerradas nada puede impedir que un mini-dron capte todas las conversaciones que tenemos. En el capítulo siete veremos cómo van a irrumpir en nuestras vidas estos artefactos voladores.

No nos debe extrañar que dentro de unos años sea obligatorio la implantación de un chip que nos identifique, que informe al médico sobre nuestra salud, pero nada podrá impedir que ese chip también se convierta en un control de los individuos.

Las Google Glass, de las que hablaremos en este capítulo, originan un problema frente al derecho a la intimidad de otras personas que se encuentren en el entorno del usuario de Google Glass. Se presupone que la calle es pública, pero un local cerrado es otra cosa, por eso no nos deberá extrañar ver, en el futuro, restaurantes, pub o discotecas en las que leamos en la entrada un cartel que destaque: «Prohibido la utilización de gafas que graben o fotografíen».

Nadie pone en duda que en los sistemas democráticos se establecerán normas y leyes para regular la utilización de todos estos gadgets que graban, oyen o fotografían. Pero siempre habrá quién transgredirá estas leyes y utilizará drones y Google Glass con otros fines que no serán los normativos. Pero también no podemos encontrar con una generación que sea indiferente al hecho de ser o no ser grabada.

GOOGLE GLASS, LA REINA DE LOS *GADGETS* Y LOS ESPÍAS

Son el último grito tecnológico y dentro de un par de años, si el proyecto de comercialización se lleva adelante[1], veremos a miles de personas llevarlas por la calle, como hoy vemos a ciuda-

---

1. En julio de 2014, el líder del proyecto y cerebro de Google Glass, Babak Parviz, abandonó Google y se pasó a la empresa de Jeff Bezos, Amazon.

danos hablando por sus teléfonos móviles. Cuando nos cruce-
mos con alguien sin gafas lo miraremos como un bicho raro y
pensaremos: ¡En qué mundo vive este!

A simple vista parecen unas gafas normales de diseño mo-
dernista, hasta que uno se da cuenta que albergan un pequeño
prisma de plástico sobre el párpado del ojo derecho. No se trata de un visor, es un proyector que fija una imagen de su pantalla en el fondo de la retina del usuario.

Con solo 60 gramos de peso, las gafas Google disponen conexión a Internet, cámara, micrófono, memoria, procesadora
y zoom. Ofrece una visión directa y aumentada por los cristales. Proyectores miniaturizados distribuyen la información su-
ministrada o la memoria embarcada (estadística, vídeos, texto)
en una pequeña parte de las gafas, gracias a minúsculos pris-
mas alojada en los cristales que a su vez dejan pasar la luz de
lo que tenemos delante.

Otra de sus características es el sonido. La tecnología de las
gafas permite transmitir el sonido al oído del usuario mediante
un sistema colocado en la patilla a través de los huesos del cráneo. Un sistema que sólo permite escuchar lo que se transmite
al usuario, y que promete acabar con los audiófonos.

Las gafas de Google disponen de conexión a Internet, cámara,
micrófono, procesador y capacidad de memoria.

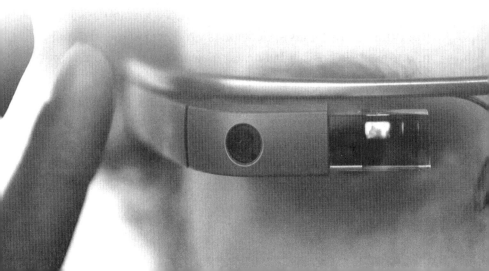

Pero esto no es lo único que llevan las patillas de estas gafas. Alojados en ellas están los captadores que indican continuamente la posición de las gafas, con el fin de orientar e identificar el emplazamiento y la trayectoria de los objetos presente en el campo de visión. Se trata de un magnetómetro, acelerómetro, giroscopio y GPS. También alojada en la patilla tenemos un analizador que reconoce voces y caras, así como gestos. Para ordenar una acción a las gafas lleva un micrófono que capta los sonidos atenuando los ruidos. Su autonomía es de un día gracias a las baterías de litio ion o litio polímero alojadas en la patilla. En la patilla derecha, lleva la conexión con internet vía *smartphone* o por antena 3G, 4G, wi-fi.

Sobre la nariz llevan captadores que indican la intensidad de la luz (visible e infrarroja) y dan informes sobre los movimientos de los cuerpos en el campo de visión.

Como ya he indicado las gafas Google permiten, sin utilizar las manos, realizar llamadas, enviar mensajes, hacer fotografías, grabar vídeos y otras cosas que hoy realizamos a través de los móviles. Las órdenes por voz se inician con sólo decir: OK Glass, e inmediatamente aparece en la pantalla todas las opciones disponibles que comporta el sistema. Si quieres poner en marchar el sistema sólo tienes que levantar la cabeza, una opción manual que se puede parar. Otra posibilidad es utilizando un panel táctil alojado en la parte derecha de la patilla, un panel que funciona con una pequeña presión del dedo y permite controlar las aplicaciones y recorrer el menú. Finalmente existe la posibilidad de dar instrucciones de propia voz: «graba un vídeo», «fotografía», «pasa las noticias», etc.

Uno de los problemas de las Google Glass se presenta ante las personas que ya llevan gafas graduadas o lentillas. Es uno de los inconvenientes a resolver ya que son muchas personas las que se encuentran en esa circunstancia. Pero destacan en Google que también se podrá superar. Lo que no cabe duda es que las Google Glass son un tsunami que nos viene encima, un tsunami que cambiará nuestras vidas, nuestras costumbres y el fin del mito de la privacidad. Con Google Glass habrá un antes y un después, como con Internet y los teléfonos móviles. No sabremos quién no está mirando o nos puede estar grabando a la vez. Podemos tener a un amigo o amiga delante de nosotros y desconocer si nos escucha o nos hace maldito caso porque está enfrascado leyendo su correo o, lo que es peor, participando en un vídeojuego.

Al margen de los problemas como los citados y otros referentes a los derechos de la intimidad, las Google Glass aportan grandes y revolucionarios avances en otros sectores. Uno de ellos en las intervenciones quirúrgicas y el espionaje.

En junio de 2014 el Departamento de Defensa de Estados Unidos compró a Osterhout Design Group de San Francisco, 500 gafas del modelo X6. Tipo Google Glass pero con unas características que permiten ver la imagen de una persona y conectarse a una base de datos que recuerda, inmediatamente, dónde hemos visto esa cara anteriormente y quién es. Ofrecen también imágenes en tres dimensiones de los objetos que se observan y envían información a un servidor que la procesa. Imagino que realizará otras funciones que, por ahora, forman parte del secreto de los Servicios de Inteligencia

Estar en el quirófano en primera fila

De las antiguas intervenciones quirúrgicas, en las que los alumnos se agrupaban alrededor de una camilla de mármol donde el cirujano, a veces con frac, realizaba una operación, pasamos a las peceras esterilizadas con paredes de cristal detrás de las cuales se seguía las explicaciones del médico durante la intervención. Ahora las Google Glass nos transportan al «quirófano global», donde el cirujano realiza sus intervenciones con estas gafas que permiten que todos los lugares del mundo que quieran conectarse sigan la operación, retransmitida en directo, desde la primera fila de butacas o en corazón mismo de la incisión quirúrgica. Los profesionales comprueban como opera su colega y los alumnos aprenden, acceden a lo que ve el cirujano y el endoscopio dentro de la incisión. La docencia de la medicina ya está en el futuro.

No es sólo Google quién aspira a cambiar las costumbres con sus nuevas Google Glass, también ha aparecido Facebook con Oculus Rift, las lentes de la realidad virtual.

En 2013, Palmer Luckey de apenas 20 años de edad, empezó a producir Oculus, unas gafas con sensación de realidad virtual, un proyecto que le representó una inversión de casi dos millones de euros. Mark Zuckerberg, fundador y propietario de Facebook, compró estas gafas en una tienda y las probó, la sensación virtual y las posibilidades de las Oculus le impulsaron a comprar toda la empresa, por la que pagó 1.450 millones. No me equivoco en las cifras, Luckey ganó 700 veces más de lo que invirtió.

Las gafas Oculus, que serán uno de los productos favoritos próximamente, ofrecen aspectos diferentes a las Google Glass. Con Oculus usted ve un partido de tenis desde los primeros asientos de la gradería, puede ver un clase magistral de la Universidad como si estuviera sentado en una de las filas del aula, o consultar a su médico desde su casa y estar prácticamente sentado delante de su mesa de despacho; puede recorrer un museo examinando sus cuadros tranquilamente; puede caminar por la muralla china sintiendo el vértigo de su altura o caminar por los angostos y laberínticos pasillos de Petra. Pero también tener acceso a tiendas donde podemos ver sus productos y comprar a distancia.

Oculus son unas gafas diferentes a las Google Glass, no son para llevar continuamente encima, pero usted se las puede colocar para comunicarse con otras personas. Luego están las posibles interacciones con la red social de Facebook, sus aplicaciones y el interfaz gráfico que permite al usuario teletransportarse al Louvre, a Petra en Jordania, a la Pirámide de Keops, etc., con un campo de visión de 100º.

Las gafas Google Glass u Oculus, tienen asegurado el mercado de ventas. Son un negocio que también aprovecha Sony con su modelo Morpheus. No cabe duda que cambiarán nuestras costumbres como las cambio el móvil.

Se acabó el síndrome de Babel

La torre de Babel no deja de ser un mito, una historia narrada en el *Génesis* [11, 6-7-8], donde Jehová castiga a los constructores y dice: «Confundamos allí su lengua, para que ninguno entienda lo que habla su compañero». Sin embargo, la dispersión de lenguas ya existía con anterioridad al relato bíblico, en aquellos tiempos ya existía un lenguaje diferente en Tassili, Níger, y lenguas Indoeuropeas, dravídica, urálica, sino-tibetana, esquimal o amerindia.

Los diferentes lenguajes han dificultado la comunicación entre los seres humanos y han obligados a millones de ellos a estudiar y comprender otros idiomas. La informática nos permite en la actualidad disponer de traducciones de todos los idiomas del mundo. Pero en los encuentros entre gente de diferentes países aún se precisan traducciones instantáneas realizadas por buenos traductores.

Uno de los objetivos de la informática es conseguir, por ejemplo, que entre dos personas, una hablando inglés y la otra hablando alemán, sin que la primera tenga ni idea de alemán y la segunda de inglés, puedan entenderse y mantener una conversación fluida.

Este gran adelanto se consiguió a principios de este año en el escenario de la Conferencia de Código en Rancho Palos Verdes de California. Directivos de Skype Lync en Microsoft realizaron una demostración del nuevo traductor Skype, una aplicación que traduce en varios idiomas a tiempo real. Con esta nueva aplicación usted puede hablar en su idioma y Microsoft lo traduce al idioma de la otra persona.

Un duro golpe para las academias de idiomas que verán mermados sus alumnos cuando, a fínales de este año esté disponible el Skype Traductor como una aplicación beta de Windows 8. Con la nueva aplicación las fronteras idiomáticas serán vencidas, el síndrome de Babel, desaparecerá. Ningún idioma representará un impedimento para que dos personas, en cualquier parte del mundo puedan dialogar.

A los informáticos les encanta realizar «demos», y en el escenario de la Conferencia, un directivo de Microsoft habló con una señorita alemana, el primero en inglés, ella en alemán. A medida que conversaban en sus respectivos idiomas, subtítulos en alemán e inglés aparecían en la parte inferior de la pantalla junto con una traducción de audio en tiempo real.

Se trata de un triunfo de Microsoft en un proyecto que venía trabajando desde hace quince años, una tecnología que radica en el aprendizaje de transferencia. Un sistema práctico que tiene asegurada su venta en el mercado. Microsoft acaba de neutralizar las palabras divinas del Jehová en el Antiguo Testamento, ha vencido la autoridad del Dios bíblico demostrando que la tecnología es el nuevo «dios», y que este nuevo ejecutivo aspira, incluso, a convertir al ser humano en inmortal como veremos en el capítulo octavo sobre Initiative 2045.

Cabe citar *Word Lens*, fabricados por la Compañía Mountain View, unas lentes que ofrecen la posibilidad de fijar las gafas a un cartel escrito en otro idioma y obtener una traducción instantánea. De la misma forma se podría leer un libro. Es una de las posibilidades más que ofrece el nuevo mundo de la traducción instantánea.

Mejor que el coche fantástico

Son mejores que el coche fantástico, aquel mítico Pontiac Firebird de la serie *El coche fantástico* que todos conocíamos por el nombre de Kitt, son los coches del futuro, que tendrán conducción automática, aparcamiento automático y una serie de ventajas que nos permitirán disfrutar del paisaje o aprovechar cientos de *gadgets* que irán incorporados en su habitáculo.

En 2010 había en el mundo unos 896 millones de coches, para el 2020 se prevé que la cifra aumentará a 1.200 millones. Aunque estas estimaciones siempre están sujetas a sucesos mundiales y a la aparición de nuevos descubrimientos. Es evidente que un descubrimiento que permitiese vencer las leyes de la gravedad trasformaría toda la industria del transporte.

En la actualidad se está produciendo una carrera entre el sector del motor y el tecnológico para poder ofrecer a los ciudadanos un coche completamente robotizado. La industria del automóvil en Estados Unidos parece como si se hubiera trasladado de la ciudad de Detroit a Silicon Valley donde ha nacido la tecnología del coche sin conductor.

Los prototipos con los que se trabaja en la actualidad son mejores que el coche fantástico y no te están dando todo el día la paliza con: «Michael no hagas esto», «Michael corres demasiado», etc.

Si usted va por la calle y ve un coche con complejos sistemas de detección en su techo, puede que no sea el coche de GoogleMap, sino un prototipo de coche que funciona con siete láseres, siete radares y cinco cámaras, al mando un robot inteligente.

En Alemania, con el apoyo de Mercedes-Benz, el grupo de Inteligencia Artificial de la Universidad Libre de Berlín construyó un prototipo hace un par de años que circulaba por las calles de la capital germana.

Las multinacionales del sector del automóvil ya vislumbran un futuro en el que el coche robotizado sea una realidad. ¿Recuerdan la película *El pasado nunca muere*, en la que James Bond llama con móvil a su vehículo y este sale del aparcamiento y lo va a buscar? Pues bien, hoy presionando un comando en su móvil consigue que su vehículo aparezca para recogerlo. Los nuevos prototipos construidos por Mercedes-Benz hacen eso y mucho más: se anticipan a los obstáculos y los esquivan, frenan ante un peligro, se detienen cuando el semáforo está en rojo.

Los competidores de Mercedes-Benz en este sector son Volvo y Toyota. Volvo quiere tener en 2017 más de cien coches estudiando las calles de sus ciudades. Toyota piensa más en sistemas de asistencia automatizados para conducir por autopista y no entrar en una automatización total. Pero a los tres les ha salido un poderoso y peligroso competidor: Google.

Google emprende la carrera del coche-robot con ventaja, ya que tiene mapas de todas las ciudades del mundo. Pero además desde 2010 ha estado desarrollando su proyecto *Driverlees Car*, coche sin conductor, en el más profundo secreto. Cuando Google hizo público la existencia de *Driverlees Car*, ya contaba con mapas y GPS en el ordenador del vehículo. Es más, la multinacional de comunicaciones, aseguró que su tecnología podría llegar a reducir a la mitad los 1,2 millones de fallecidos anuales que hay en todo el planeta a causa de accidentes de tráfico. Este es un objetivo que no es tan sencillo, ya que la circulación por las grandes urbes siempre entraña encontrarte con un viandante que atraviesa distraído, con un coche que sale del aparcamiento sin vigilar, con un gato que atraviesa la calle, o un camión que frena de repente porque se ha pasado el lugar del reparto.

La industria del coche automático también se desarrolla en Israel en los hangares de Mobileye Vision donde se aplican las nuevas tecnologías a los Audi. Tecnologías ya instaladas en modelos de Volvo que evitan colisiones, aparcamiento autónomo y búsqueda de plazas vacías en los parking. Volvo y Mobileye Vision se han unido para desarrollar el proyecto SARTRE (Safe Road Trains for the Environments) que permites circular sin conductor a 90 kilómetros por hora con no más de cuatro metros de distancia al coche que va delante.

El MIT también está desarrollando algoritmos para que automóviles y robots se comuniquen y colaboren en la planificación de rutas y horarios. Por su parte la poderosa Ford se ha aliado con Microsoft, y Renault con Samsung.

DARPA también está muy interesada en esta clase de vehículos, hasta el punto que convocó el *Urban Challenge* carrera de coches sin pilotos. DARPA estaba interesada en esta clase de vehículos con el fin de dotar con ellos al ejército y crear convoyes de transporte por zonas peligrosas sin tener que arriesgar la vida de soldados. Incluso el Congreso propuso que un tercio de sus vehículos de combate fueran no tripulados.

Los «materiales críticos»

Si usted pasea por la montaña y se encuentran otros montañeros que recogen piedras o las examinan con extraños contadores, puede que no sean simples geólogos o buscadores de fósiles, sobre todo si son extranjeros. Es posible que se haya topado con agentes de campo de un servicio secreto extranjero, hombres especializados en la busca de «materiales críticos». Si sospecha observe sus botas, generalmente son militares y todos las llevan iguales.

Hay una contienda mundial de la que somos ajenos la mayoría de los ciudadanos de este planeta. Multinacionales y servicios de inteligencia de diferentes países tratan de localizar los yacimientos de lo que se denomina «materiales críticos». Grandes multinacionales apoyadas por sus Gobiernos luchan por repartirse las regiones del planeta en que se albergan estos «materiales críticos» vitales para la hegemonía de mundo.

Los «materiales críticos» son elementos que apenas conocemos pero vitales para dominar el mundo del futuro. Son materiales indispensables para que una nación pueda seguir con sus avances tecnológicos. Su suministro es vital y puede significar un riesgo depender de ellos cuando están en manos de otras potencias mundiales.

Son elementos como el itrio, neodimio, terbio, europio, disprosio, silicio, grafeno, litio, componentes esenciales en la iluminación de bajo consumo, imanes, electrónica, robótica, medicina, etc. El galio, indio y el telurio sirven para realizar finas películas fotovoltaicas que se emplean en los paneles solares comerciales y en los satélites artificiales. O la molibdenita, un semiconductor de uso en la nanotecnología cuyos yacimientos más destacados están en Estados Unidos y México. Estos materiales son necesarios y escasos. Se sabe que están repartidos en puntos muy concretos del planeta, como por ejemplo en Bolivia, la «Arabia Saudita del litio», encontramos este material que presenta una capacidad excepcional para formar compuestos que pueden almacenar electricidad en unas condiciones óptimas. Muchos de estos materiales son imprescindibles para la construcción de tecnologías emergentes que se proyectan en Silicon Valley.

Los servicios de inteligencia, a través de los agentes de campo y los satélites artificiales, buscan desesperadamente estos yacimientos que darán hegemonía tecnológica en el futuro a los que los posean. No estar abastecido de ellos es una dependencia muy arriesgada geopolíticamente hablando.

Existen países que disponen de grandes reservas de estos materiales críticos, como China, Bolivia, Japón, Argentina y Chile. En los países de Sudamérica estos yacimientos se ubican en los Andes. Otro «material crítico» es el grafeno, material escaso del que podemos encontrar yacimientos en España y en la República Democrática del Congo, pero que, sin embargo, es abundante en los asteroides.

GRAFENO, FABRÍQUELO EN LA COCINA DE CASA

En la película *El graduado*, Benjamim escucha los consejos de su mentor referente a su futuro. El mentor le resume todo en una sola palabra: plásticos. Si la película hubiese sido rodada hoy el guionista habría escrito: grafeno.

Las cuatro empresas españolas que producen e investigan con grafeno, son reacias a dar información, especialmente si se les habla de aplicaciones nanotecnológicas. España es un productor de grafeno a través de *Graphene Nanomateriales* del País Vasco, que vende su producción en láminas a Nokia, Philips, Nissan y Canon. En Alicante tenemos *Graphenano* que ya tiene delegación en Alemania; en La Rioja Avanzares, primer productor mundial de grafeno que ha llegado a superar a la número uno de Estados Unidos, XC Science; y finalmente, *Gramph Nanotech* de Burgos.

Grafeno

En la mina de un simple lápiz tenemos grafito que se puede convertir en grafeno, eso es lo que descubrieron Andre Geim y Konstantin Novoselov, un descubrimiento tan revolucionario que les mereció el Premio Nobel en el 2010. Los dos investigadores de origen ruso habían cambiado el mundo.

El grafeno es material milagroso. Tiene el espesor de un solo átomo y es un millón de veces más fino que una hoja de papel, pudiéndose doblar y enrollar. Más resistente que el diamante es mejor conductor de la electricidad que el cobre o el oro.

Usted mismo puede fabricar grafeno si dispone de una bati-dora de 400 voltios. Sólo necesita medio litro de agua, 20 mili-litros de un detergente, rayar la mina de un lápiz hasta obtener 40 gramos de grafito. Todo a la batidora y obtendrá una lámi-na de grafeno de un nanómetro de espesor y cien nanómetros de longitud suspendida en el líquido. Así de sencillo, pero no olvide que aquella batidora ya no servirá para nada y tendrá que enfrentarse a: «Cariño, ¿qué has hecho con la batidora?».

La elaboración industrial es más complicada y costosa, además la industria del grafeno se encuentra con la poca can-tidad existente en el mundo. Pero veamos por qué el grafeno es tan deseado.

El grafeno cuenta con una serie de propiedades altamen-te atractivas, lo que significa que tiene el potencial para ser utilizada en innumerables industrias, y para una amplia gama de propósitos. Sus propiedades más interesantes es que es sú-per resistente, 20 veces más resistente que el diamante, 200 más resistente que el acero y seis veces más ligero, también es notablemente conductor, tanto eléctrica como térmicamente. También es casi perfectamente transparente, impermeable al gas, y sus propiedades, dicen los científicos, pueden alterarse con facilidad.

El grafeno es una forma alotrópica, del carbono, la sustan-cia más abundante en el Universo y la base de la vida en la tie-rra. Los alótropos de carbono más conocidos incluyen a los diamantes y al grafito. Es único es su delgadez, con tan solo un átomo de espesor es tan bueno como el bidimensional. Su flexibilidad significa que potencialmente podría ser utilizado para dispositivos flexibles o portátiles.

El carbono debe su estabilidad a un efecto de la mecáni-ca cuántica llamado hibridación, que cede cuatro de sus seis electrones en órbita para crear empalmes cortos, pero muy re-sistentes. Esto convierte al grafeno en un excelente conductor del calor, permitiendo que su estructura vibre en frecuencias muy elevadas sin fracturarse. El grafeno resiste hasta 300 ºC en el aire. Curiosamente el grafeno tiene un comportamiento cósmico, como la expansión del Universo en el que no son las galaxias las que se alejan, sino es el espacio que hay entre ellas que se expande. Mientras que la mayoría de los materiales se comportan como el plástico que se estira en filamentos, el grafeno mantiene su estructura, la distancia entre sus átomos de carbono simplemente aumenta.

Las pepitas de «oro» del espacio: asteroides de grafeno

Es lo que estaban deseando tener en sus laboratorios los técnicos de Silicon Valley para sus aplicaciones industriales, para los dispositivos ópticos y electrónicos, para estrujar sus mentes en nuevos proyectos con este material. Todos sueñan en poder realizar una «demo» manejando un artículo de grafeno aplicado a cualquier tecnología electrónica.

El grafeno nos permitirá disponer pantallas flexibles en nuestros televisores. Por otra parte los dispositivos electrónicos actuales tienen sus pantallas de cristales líquidos o diodos electroluminiscentes. A menudo, como en los *smartphone* las pantallas son táctiles, fabricadas de capas de óxido de indium. El grafeno, del que ya hemos dicho que es muy conductor, es transparente, sólo absorbe un 2,3% de la luz y se convierte en un material ideal para estos móviles.

Su bajo peso le permite ser utilizado para crear componentes ultraligeros ideal en la industria de la aviación, lo que reduce drásticamente el peso de los aviones. Las grandes empresas de aviación y astronáutica apuestan por el grafeno.

Samsung ve al grafeno como el «material perfecto» para los dispositivo de próxima generación que podrían tener enormes implicaciones para la producción comercial.

La conductividad de este material permite cargar un dispositivo en cuestión de segundos, y su resistencia, durabilidad y flexibilidad permitiría a muchas empresas innovar con toda una gama de nuevos dispositivos y formas de interactuar con la tecnología.

Con el grafeno podremos disponer de un móvil que se dobla, una pantalla de televisión que se enrolla y cuyas dimensiones pueden ocupar toda una pared porque será más fina que el papel y apenas pesará. Construiremos pantallas táctiles flexibles, sensores, dispositivos de transmisión rápida de datos, paneles solares, etc. Pero también tiene aplicaciones en la biología donde se podrán construir estructuras de grafeno para hacer crecer órganos artificiales con células madre. En realidad hoy en día no hay informativo de noticias científicas que no ofrezca un nuevo descubrimiento al que se no le haya aplicado el grafeno.

Se sabe que uno de los lugares donde más abunda el grafeno es en el espacio, en los asteroides. Muchas empresas están desarrollando proyectos con el fin de viajar a esos asteroides, acercarlos a la Tierra y explotarlos con robots. Hablaremos más profundamente de este tema cuando abarquemos el mundo de la robótica.

En la minería espacial el grafeno será un objetivo preferente, ya que la mayor parte del desarrollo en la Tierra dependerá de este mineral de carbono. Por otra parte es posible que, gracias al grafeno, se hayan solucionado muchos problemas de energía, ya que tiene una gran capacidad de almacenaje de energía y una célula de grafeno recoge y almacena más energía solar que una de silicio. Por otra parte las naves espaciales precisarán una capa de grafeno para proteger a los astronautas de la radiación espacial. También, recordemos que el grafeno tiene esa capacidad de auto-reparación, por lo que se convertirá en un excelente material protector contra los micrometeoritos que puedan impactar en las naves del futuro.

LOS NANOMATERIALES, MÁS ALLÁ DEL MUNDO DE GULLIVER

Sólo una breve mención sobre los nanomateriales ya que salen del contexto que estamos desarrollando pero que se deben mencionar en referencia a los nuevos materiales y la microrobótica.

Los nanomateriales son materiales con propiedades morfológicas más pequeñas que un micrómetro, materiales que han experimentado un gran desarrollo en sectores punta de la industria como la electrónica, la aeronáutica, las energías alternativas, la química, la cosmética, la medicina, el sector del automóvil, la robótica, etc.

Sus dimensiones propician nuevos efectos mecánicos cuánticos en el que sus propiedades electrónicas se ven alteradas y sus propiedades físicas cambian. Los nanomateriales presentan propiedades muy diferentes a las que exhiben en una macroescala, lo que les permite el acceso a aplicaciones únicas.

Algunas de esas propiedades son sorprendentes, el cobre, por ejemplo, se vuelve transparente, el platino se convierte en un catalizador, el aluminio pasa de ser estable a convertirse en combustible, el oro pasa de ser sólido a ser líquido, la silicona deja de actuar como aislante para convertirse en conductor.

Las nanopartículas son partículas invisibles que están presentes en nuestra vida cotidiana y entrañan peligros para la salud, incluso pueden convertirse en apocalípticas e invisibles armas terroristas.

Hoy encontramos nanomateriales en los neumáticos, revestimientos, pinturas, papel, plástico, cosméticos y alimentos, vidrios, cerámicas, textiles, productos farmacéuticos, carburantes, bactericidas, equipos médicos, industria aeroespacial, etc. Se trata de un desarrollo industrial que, en algunos casos, puede afectar a nuestros pulmones, hígado y cerebro. Es una toxicidad difícil de predecir. Algo que podemos comparar a la industria del amianto de la que no nos percatamos de su toxicidad hasta que no hubo cientos de enfermos.

La nanotecnología es el futuro, un futuro inmediato, especialmente en medicina donde se construirán nanobots y nanorobots de dimensiones nanométricas.

La nanotecnología es un término propuesto por Norio Taniguchi en 1974, pero no fue hasta 1991 cuando se construyeron los primeros nanotubos de carbono. Los nanotubos miden entre 1 y un nanómetros. En un metro caben mil millones de nanómetros. Nano (10-9=0,000000001) es una escala menor que un micrómetro, estamos hablando de una escala a nivel de átomos y moléculas. Un átomo es la quinta parte de esa medida, cinco átomos colocados en hilera sería un nanómetro.

Los nanobots son nanorobots que pueden inyectarse en el cuerpo humano y beneficiar a su portador, o curarle tumores. Ya se han creado nanobots, por ejemplo el *respirocito*, un nanobot que transporta oxígeno por los vasos sanguíneos, igual que los glóbulos rojos, mide una milésima parte de un milímetro y transporta un nanoordenador y nanosensor. Libera 236 veces más oxígeno que los glóbulos rojos, lo que permite a quien le ha sido inyectado no tener que respirar durante 12 minutos y correr a máxima velocidad, o bucear sin tomar aire durante dos horas y media.

Otros nanobots son los *microbívoros* y los *plaquetocitos,* los primeros devoran virus y bacterias, los segundos cicatrizan plaquetas mediante redes de carbono. Hay docenas de aplicaciones en medicina, incluso nanobots que atacan y destruyen tumores. Se estudia implantar en un futuro nanobots que interactuarán con las neuronas aumentando la memoria, la inteligencia y la percepción.

Podremos crear cíborgs indestructibles e inmortales, lo que también origina sus peligros militares.

Hoy se inyectan en el torrente sanguíneo burbujas de gas, rodeadas por celdas de lípidos. Estas burbujas se guían mediante ultrasonidos hacia la barrera hematoencefálica abriendo pasos. Una vez superada la barrera hematoencefálica se inyectan en el paciente nanopartículas recubiertas por medicamentos y dotadas de carga magnética; seguidamente con rayos de resonancia magnética se guían al lugar necesario con el fin de tratar un tumor o el alzhéimer.

Estas nanopartículas pueden moverse entre genes, proteínas, virus y células. La nanotecnología es ya la gran revolución tecnológica de este siglo. A través de la nanotecnología se podrá fabricar nanopartículas o nanofilamentos (nanotubos) que, con los componentes adecuados, servirán para curar muchas enfermedades e, incluso, modificar las cadenas de ADN. Los nanofármacos pueden ser aplicados a nivel molecular dentro o en torno a una célula con el fin de desarrollar tratamientos contra enfermedades como el cáncer, liberando compuestos terapéuticos directos al tejido enfermo y evitando dañar los tejidos sanos. Indudablemente todo ello implicará riesgos, unos riesgos que se deberían valorar antes de utilizar esta tecnología. El riesgo reside, principalmente, en el hecho que al ser de tamaños tan minúsculos puede producir interacciones en otros seres o materiales si se utilizan en suspensión, emulsiones o líquidos.

NANOROBOTS: PEQUEÑOS E INTELIGENTES

Pero los nanorobots también tienen fines militares, ya que pueden actuar en sistemas de computación y crear, con ellos cíborgs indestructibles. Pero, ¿qué es un nanorobot? Podemos definir un nanorobot como un dispositivo inteligente tan pequeño como un glóbulo rojo. También podemos llamarlos microrobots. No son producto de la imaginación, en la actualidad se investiga en los microrobots magnéticos en China, Corea del Sur y Suiza.

Ya se han realizado experimentos en ratas de laboratorio pero no con seres humanos, a no ser que China o Corea del Sur haya realizado ensayos con voluntarios. Con un ejemplo sencillo comprenderemos su funcionamiento: imaginemos que una zona sensible del cuerpo humano, los ojos o el cerebro, precisa un medicamento concreto, se procede a encapsular ese medicamento en una nanorobot recubierto de níquel que es dirigido inalámbricamente por campos electromagnéticos hasta el lugar preciso por el sistema venoso.

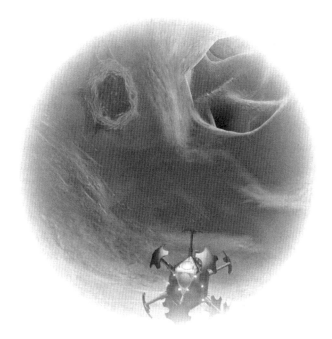

La nanotecnología será parte importante del futuro de la medicina.

Todo parece indicar que la nanotecnología será parte del futuro de la medicina. Esta nueva especialidad abarca desde prótesis hasta tratamiento de quemados, sin olvidar la cura de tumores de cáncer. Actuar a una escala nanométrica permite otro replanteamiento de la actuación sobre el cuerpo humano.

En realidad ya se está trabajando, experimentalmente, con nanocápsulas de oro, pequeñísimos núcleos sólidos de sílice cubiertos de una capa muy delgada de oro que se utilizan en la terapia AuroLase, guiando estas nanocápsulas hasta las células cancerosas donde se provoca que liberen los fármacos directamente sobre las zonas afectadas por los tumores y los destruyan.

Otras nanocápsulas introducidas intravenosamente proporcionarán a los médicos mapas, en alta resolución, del interior de las venas y arterias, precisando el espesor, señalando donde se acumulan del torrente sanguíneo las placas. Anticipando a los profesionales en medicina si un paciente está en riesgo de un aneurisma o ataque al corazón. Incluso implantes de nanoretinas podrían devolver la visión a una persona ciega.

La nanotecnología ofrece una gran gama de posibilidades que servirán para prolongar la vida de las personas y desterrar la vejez.

La nanorobótica es un campo con aplicaciones en todas las disciplinas, pero también un mundo de pesadilla si sus secretos caen en manos de fanáticos que emplean sus conocimientos en destruir o manipular a otros seres humanos.

Sé que insisto en la posibilidad de una mala aplicación de los descubrimientos que se avecinan, sé que en toda la historia de la humanidad siempre ha existido individuos que están en el lado oscuro, pero nunca hemos vivido en una época en que tantos laboratorios producen inventos que apenas somos capaces de asimilar. El fuego fue en la antigüedad un medio para calentarse, cocinar, iluminar por la noche y cauterizar heridas entre otras cosas. Un día alguien descubrió que podía emparse y recubrirse parte de la punta de una flecha o lanza y disponer de un peligroso proyectil más efectivo para matar a una presa o un enemigo. Aquel día se crearon las bases del misil intercontinental que aun tardaría siglos en desarrollarse. Mientras, la idea del fuego lanzado a distancia se fue perfeccionando con catapultas y otros instrumentos con fines militares.

CAPÍTULO 5

EN BUSCA DEL ROBOT PERFECTO

«Napoleón llenó los manicomios de seres que se creían Napoleón. En la era de las máquinas muchos espíritus se creen robots.»

LOUIS PAUWELS

«Creo que es muy probable —de hecho inevitable— que la inteligencia biológica es sólo un fenómeno transitorio, una fase pasajera en la evolución del Universo. Si alguna vez nos encontramos con la inteligencia extraterrestre, creo que es abrumadoramente probable que sea posterior a la de naturaleza biológica.»

PAUL DAVIES

LA ERA POST-HUMANA

Imaginemos un futuro en el que ya hemos explorado nuestro sistema planetario y nuestras naves empiezan a buscar vida inteligente en las estrellas más próximas al Sol, pero en el interior de esas naves no van frágiles seres orgánicos, sino robots inteligentes o seres sintéticos y biotecnológicos, avatares que ya no se parecen en nada a los humanos de hoy. Pues bien esos seres o robots pueden ser nuestros descendientes en el siguiente paso de la evolución.

El doctor en Economía Ted Chu[1] sugiere la necesidad de una «visión cósmica» para la era post-humana, cree que debemos crear una nueva ola de «seres cósmicos», inteligentes y artificiales con formas de vida sintética, y que debemos pasarles el testigo de la evolución. Seres que podrán viajar a las estrellas y transmitir su inteligencia por todas las galaxias.

Parece una utopía de ciencia ficción, incluso un destino que a muchos humanos no les parece agradable, lo consideran ir contra la naturaleza de la evolución humana, ya que razonan que la verdadera evolución no precisa un interfaz con la tecnología.

Sin embargo, esta idea de una nueva etapa de evolución se encuentra respaldada por prestigiosos científicos como Stephen Hawking. Hawking cree que la especie humana ha en-

---

1. Autor de *Human Purpose and Transhuman Potencial. A Cosmic visión for our future evolution.*

trado en una nueva etapa de la evolución en la que llegaremos a otros planetas u otras estrellas para colonizarlos, y lo haremos a través de máquinas inteligentes y con seres biotecnológicos. Por su parte Paul Davis[2] mantiene que la inteligencia biológica es sólo una fase de la evolución, un fenómeno transitorio que ya estamos transformando.

La pregunta inquietante es: ¿Serán máquinas dotadas de inteligencia artificial o serán máquinas que albergarán nuestros cerebros altamente evolucionados e inmortales como propone Initiative 2045? Una cosa es que nuestra civilización termine en chatarra inteligente y otra es que nosotros utilicemos esas máquinas para sobrevivir eternamente gracias a sus cuerpos de grafeno, silicio o biotecnológicos. A no ser que aceptemos que en el proceso de evolución lo más importante sea transmitir la inteligencia en cualquier soporte y que lo biológico no sirva.

El mundo que se avecina estará cada vez más robotizado. Nos enfrentamos a una sociedad en la que vamos a encontrar robots en hospitales, conduciendo taxis, en oficinas, en recepciones, realizando tareas de limpieza o trabajando en minas peligrosas. Una realidad que nos lleva a una desigual competencia entre humanos y robots. Ellos trabajan día y noche, no hacen vacaciones ni piden la baja por enfermedad y, además, no nos engañemos, hacen el trabajo mejor que nosotros. Raramente los robots que operan en las cadenas de las fábricas de automóviles se equivocan.

Nos tendremos que acostumbrar a compartir con ellos nuestro trabajo y, como ellos son más competentes, los seres humanos se verán obligados a injertarse implantes electrónicos (chips) que nos hagan más eficientes. Aparecerán los implantes biónicos, toda una serie de artilugios que sirvan para

---

2. Profesor de física en la Universidad Estatal de Arizona. Director del Instituto Beyond.

mejorar las aptitudes físicas y mentales. Nos convertiremos en cíborgs que acudirán a entrevistas de trabajo en las que se valorará qué chips llevan los aspirantes implantados, sus funciones y la viabilidad para la vacante que se desea.

Cada vez es más complejo predecir el mundo de la robótica del futuro. No sólo los descubrimientos se están produciendo de una forma exponencial, sino que la tasa general está aumentando.

El ritmo de la innovación es cada vez mayor y nada apunta al hecho que se vaya a detener. Estamos entrando en una nueva etapa histórica, según Milan Kundera es la propia historia que se está acelerando. Creo que estamos en un nuevo paradigma que muy pronto será sustituido por otro que, a su vez, se verá reemplazado por el siguiente y así cada vez más rápido. Es posible, incluso que en un mismo periodo de la historia vivamos dos paradigmas a la vez. Las innovaciones se sucederán a tal rapidez que muchas innovaciones no tendrán tiempo de ser aplicadas y se verán sustituidas por otras más adelantadas.

En los negocios, este ritmo de acontecimientos será claramente letal. Entraña nuevos riesgos, como el hecho que dos días después de haber lanzado un producto al mercado aparezca uno más innovador con el que no se pueda competir en precio ni tecnología. El empresario tendrá que acostumbrarse a bajar la persiana de su negocio superado por la competencia y abrir al día siguiente con otro producto nuevo u otro tipo de negocio.

Destacan los economistas del MIT que los robots tendrán como objetivo definitivo reemplazar a los humanos en casi todos los trabajos que realizan, un hecho que cambiará drásticamente la economía. En un mundo donde trabajen sólo los robots, todo será mucho más barato, dado que el coste de la mano de obra se reducirá a cero. Por otra parte los seres humanos dispondrán de más tiempo y podrán dedicarse a otras actividades, como el arte, la literatura, la música o la investigación. Será un cambio de cultura de trabajo, algo que no es nuevo, ya que la tecnología ha estado siempre influyendo en la cultura.

Este cambio deberá ser estudiado en profundidad antes de que se produzca, ya que puede tener su lado negativo. Una sociedad influida por la robótica crea unos seres que comienzan a esperar menos de sus congéneres y genera una idolatría sobre la tecnología. En los capítulos siguientes insistiremos en estos cambios. Por ahora sepamos algo más sobre los robots y sus peculiaridades.

No enredemos en las máquinas, un robot no es un electrodoméstico

Los robots representan una nueva industria y comercio. Surgirán cientos de modelos, se diseñarán algunos como sirvientes, otros asistentes o cuidadores. Los habrá que cuidarán a niños autistas y los que simplemente se limitarán a barrer. En Japón ya existen robots que cuidan a ancianos, y en Reino Unido se han hecho pruebas con niños autistas.

En cualquiera de los casos va a ser necesario establecer unas normas en su fabricación. Hasta ahora la Organización Internacional de Normalización (ISO) se ha limitado a establecer recomendaciones de seguridad, pero si los robots acceden a la IA se precisará más que una normativa, tal vez unos protocolos internacionales. Ya que no estamos hablando sólo de máquinas, sino de computadoras androides capaces de comprender las instrucciones verbales y los gestos de los humanos; tal vez en un futuro, a través de chips en el cerebro humano, podrán comprender nuestras ondas cerebrales y cambiar el mundo.

Pese a ser máquinas construidas con gran perfección nada impide que tengan accidentes, tropezones inesperados de un androide con el peligro de que pueda precipitarse por una ventana o unas escaleras. Las normas de ISO deberán ser muy concretas y estrictas en cuanto a seguridad, velocidades, instrucciones de uso.

Las normas no solo deben de referirse a la fabricación de robots, sino a la responsabilidad de los que los compran. Todos conocemos docenas de anécdotas de la mala utilización de electrodomésticos que han producido accidentes en sus usuarios o personas ajenas que se encontraban próximas. Casos de mal uso como la simple introducción de objetos metálicos en los microondas o animales en las lavadoras. Personas que, porque no se veía bien, han desmontado televisores sin tener ni idea de su funcionamiento y han recibido descargas eléctricas mortales. Se podría escribir un libro con cientos de anécdotas sobre las imbecilidades que se han llegado a realizar con algunos electrodomésticos, en algunos casos causando accidentes de graves consecuencias.

Con los robots ocurrirá lo mismo, habrá quien lo considerará lento, o ruidoso y querrá «enredar» en su interior. O quienes quieran manipularlos para aplicarlos a otras finalidades, incluso convertirlos en máquinas violentas para perjudicar a otras personas. Todas esas posibilidades caben en el mundo de los robots y de los humanos.

En algunos centros donde se han empezado a utilizar robots de limpieza se ha podido observar personas que les molestaban y han llegado a insultarlos o patearlos. Tropezar con un robot por un hospital puede causar accidentes a personas que caminan con dificultad debido a intervenciones quirúrgicas recientes, por esta razón los robots ya circulan, experimentalmente, por pasillos de hospitales en Estados Unidos y están diseñados para evitar choques con personas.

¿PUEDE UN ROBOT SER CREATIVO?

Los robots servidores no sólo están en los domicilios y oficinas, también abundarán en los hospitales controlando monitores e incluso realizando intervenciones quirúrgicas con mucha más precisión que los seres humanos. Muchas personas creen que el trato a las personas será más deshumanizado si la enfermera o el médico son sustituidos por un robot. Insisten en la necesidad de un trato humano entre paciente y médico, no entre paciente y una fría máquina. No van desencaminados, se trata de una necesidad psicológica, pero ¿para quién? Las nuevas generaciones se habrán habituado más a las máquinas que a los facultativos y desconfiarán de los diagnósticos que le explique un ser humano. Habrá una generación que todavía necesitará las amables caricias de un médico o enfermera, pero la tendencia es crear robots cada vez más parecidos a los seres humanos, con movimientos faciales humanos y voces humanas, es decir, a nuestra imagen y semejanza. Es posible que llegue un momento que nos sea difícil distinguir un robot de un ser humano.

Los nuevos robots estarán programados con la totalidad de información que necesitan de antemano. Se programarán para que sepan moverse y podrán anticiparse a lo que está pasando en la mente de las personas con las que están interactuando.

Otra de las preguntas que se hacen los artistas, pintores o escultores es si un robot podrá ser creativo. ¿Podrá pintar un cuadro abstracto? Tengo un amigo pintor, loco como todos los pintores, que me asegura que no podrán nunca crear obras de arte como un ser humano, a lo que le contesto: «Tú no sabes de robots ni lo que serán capaces de realizar si dominan la IA y el aprendizaje profundo». Cuando me pregunta que es el aprendizaje profundo y se le explico, me contesta: «¡Malditos científicos! No habéis leído nunca un verso de Walt Whitman[3] y os cargareis el mundo».

---

3. Poeta humanista y transcendentalista (1819 – 1892)

Muchos especialistas en robótica no lo creen posible, pero a largo plazo tampoco parece imposible. ¿No se han vendido cuadros pintados por monos? ¿Quién nos dice que un robot diseñado con IA no sea capaz de pintar abstracto? Y si el robot está dotado de procesos neuromórficos o aprendizaje profundo –veremos estos aspectos a continuación-, será capaz de aprender y evolucionar en su pintura.

Otra de las preguntas con respuesta inquietante es: ¿en qué nos superarán los robots? Los robots podrán realizar miles de diseños de objetos, logotipos, carteles y escoger entre los más adecuados, incluso elegir lemas publicitarios. Serán capaces de componer melodías musicales con nuevos sonidos. También serán unos buenos arquitectos y diseñadores creando la funcionalidad exacta que precisa un edificio. Al trabajar con estadísticas podrán saber lo que desea el consumidor y las posibilidades de que algo sea aceptado o rechazado. No habrá una profesión en la que no nos lleguen a superar. Empezaron por ganarnos al ajedrez y terminarán por enseñarnos en nuestras profesiones.

Robots neuromórficos: inspirados en cerebros biológicos

Vemos a un robot recogiendo y ordenando una habitación y nos parece algo posible en las tareas de estas máquinas. Pero si ese robot discierne qué tiene que recoger, dónde colocarlo y qué debe tirar a la basura nos estamos topando con una máquina especial. Es lo que hacen el robot Pioneer de Qualcomm en San Diego, tareas que precisarían potentes computadoras muy especialmente programadas. Pero Pionner está dotado de un chip inteligente con un software muy espacial que le permite reconocer objetos y saber dónde colocarlos.

Compuestos por chips de silicio Pionner es un robot neuromórfico, ya que se inspira en los cerebros biológicos, que le permite procesar datos sensoriales, imágenes y sonidos. Se trata de robots capaces de entender e interactuar de manera similar a la humana. Todo ello gracias a este chip fabricado por Qualcomm que, posiblemente, estará en el mercado el próximo año y abrirá el camino para la informática neuromórfica.

Las investigaciones en el campo neuromórfico trabajan para procesar la información que millones de neuronas y trillones de sinapsis realizan respondiendo a estímulos sensoriales como la vista o el oído. Sin embargo, las neuronas tienen posibilidad de cambio de forma y extensiones, y por tanto, de conexiones entre ellas, en lo que los neurofísicos denominan aprendizaje. Los técnicos de Qualcomm quieren que estos nuevos chips hagan lo mismo. En este sentido Qualcomm está cooperando con Brain Corporation y ambos están trabajando en los algoritmos para imitar las funciones del cerebro, a través de hardware para ejecutarlas.

Las aplicaciones de estos chips pueden ser infinitas, incluso en su *smartphone* al que se le puede etiquetar la foto de una persona para que la reconozca en próxima apariciones y tomar fotos automáticamente sólo cuando la vea. Otra aplicación sería, utilizando sensores visuales y auditivos, gafas para ciegos que les permitan reconocer objetos, o para vigilar los signos vitales de salud, hasta incluso en el pilotaje automático de drones.

Como muchos de los adelantos que hemos mencionado la tecnología neuromórfica augura grandes cambios en la sociedad y en los futuros robots y su interacción con el ser humano.

Aprendizaje profundo

El aprendizaje profundo busca en el robot que sepa reconocer facialmente las expresiones y el lenguaje de los seres humanos. Es un proceso como el neuromórfico, otra forma de expresarlo y otras técnicas de búsqueda. El aprendizaje profundo es un tema emergente en la inteligencia artificial (AI), algo que todos los especialistas en robótica desean perfeccionar. Redes neuronales que permitan el reconocimiento de voz, la visión artificial y procesamiento del lenguaje natural. Hasta ahora se ha conseguido que un robot fuera capaz de tener percepción de objetos, traducción automática y reconocimiento de voz.

En la tecnología robótica una red neuronal es un sistema de programas y estructuras de datos que se aproxima a la imitación del cerebro humano. Crear una red neuronal semejante a, tan solo, una porción del cerebro humano, implica un gran número de procesadores que funcionen en paralelo, cada uno con su propia pequeña esfera del conocimiento y el acceso a los datos en su memoria local.

Una red neuronal está inicialmente saturada con grandes cantidades de datos y reglas sobre las relaciones existentes con esos datos. Un programa puede decirle a la red cómo comportarse en respuesta a un estímulo externo.

A diferencia de la máquina de aprendizaje, el aprendizaje profundo es en su mayoría «sin supervisión». Se trata, por ejemplo, de la creación de redes neuronales a gran escala que permiten al ordenador aprender y «pensar» por sí mismo sin la necesidad de intervención humana directa.

En lugar de la lógica lineal, el aprendizaje profundo se basa en las teorías de cómo funciona el cerebro humano. El programa está formado por capas enmarañadas de nodos interconectados. Aprende reordenando las conexiones entre los nodos después de cada nueva experiencia.

El aprendizaje profundo ha mostrado potencial en la futura psicotecnología, utilizando como base un software que podría resolver los problemas existentes con las emociones o hechos descritos en la escritura o reconocer objetos en las fotos, y hacer predicciones sofisticadas acerca del probable comportamiento futuro de una persona.

En 2011, Google comenzó el Google Brain Project, que creó una red neuronal dotada con algoritmos de aprendizaje profundo, que demostró ser capaz de reconocer conceptos de alto nivel. El año pasado, Facebook creó su Unidad de Investigación de IA, con amplia experiencia-aprendizaje para ayudar a crear soluciones que mejorasen e identifiquen caras y objetos en los 350 millones de fotos y vídeos subidos a Facebook cada día. Otro ejemplo de aprendizaje profundo en la acción es el reconocimiento de voz como Google Now y Siri de Apple. El aprendizaje profundo se está mostrando una gran promesa, es la base que hará que los coches sin conductor y el mayordomo robótico sean una posibilidad real.

Es un campo en el que cada día se producen descubrimientos, ya que se está avanzando a un ritmo sin precedentes. El aprendizaje profundo se convierte en un campo que tiene aplicaciones en descubrimientos de fármacos, desarrollo de nuevos materiales y, especialmente, en los robots que les otorga un mayor conocimiento del mundo que les rodea.

Reconocimiento facial y triunfo de la IA

A través de millones de años de evolución, los seres humanos, hemos heredado la facultad de reconocer los rostros de las personas que han estado con nosotros o son populares en los medios informativos. Un ciudadano normal tiene un tope de reconocimiento de un rostro que se mueve entre 100 y 200 personas a las que se logra asociar la cara, con el nombre y otros factores. Los políticos parecen tener más capacidad, ya que siempre conocen a todo el mundo que les saluda, pura estrategia, ya que después siempre terminan preguntando a los que le acompañan. ¿Quién es ese, no lo conozco de nada?

Esta capacidad de reconocimiento ha sido superada por las máquinas en un alarde de IA. En el ser humano intervienen tres partes del cerebro en este proceso: la amígdala, lugar del cerebro emocional; el hipocampo, lugar de la memoria; y el córtex orbitofrontal.

Cada cara que conocemos es memorizada, no por una neurona individual, sino por toda una red de neuronas que codificaran ese rostro según el ángulo de visión que lo han visto, ya que el cerebro precisa varios ángulos de visión para reconocer un rostro. También lo asociará a otros aspectos y circunstancias. Ahora este proceso de archivo ha sido superado por la ingeniería informática, a través de algoritmos que le permiten un reconocimiento automático de las caras en un proceso conocido como DeepFace, capaz de identificar el 97,25% de las caras.

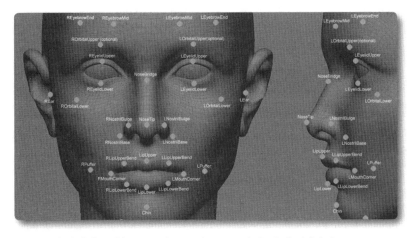

La ingeniería informática permite ya el reconocimiento facial de las personas.

Si alguna vez ha colgado usted una fotografía suya en Facebook, puede estar seguro que su rostro ya está en sus archivos. Sin su permiso ha pasado a los ficheros de algún sistema de reconocimiento facial. Pero ahora también recogen datos de rostros las cámaras instaladas en las calles, aeropuertos, bancos y otros lugares. Nuestro rostro puede estar en cualquier archivo almacenado.

Al sistema DeepFace ya le ha salido un competente en la Universidad de Hong Kong: Gaussian-Face. Y en estos momentos una nueva generación de sistemas de reconocimiento facial está a punto de aparecer.

La policía de Chicago trabaja con el sistema NeoFace, un algoritmo de la sociedad japonesa NEC, que tiene una base de datos de 4,5 millones de caras, entre delincuentes, sospechosos, terrorista, etc. Google por su parte ha creado NameTag, y la NSA (National Security Agency) intercepta cada día más de 50.000 fotografías que son sometidas a reconocimiento facial.

¿Cómo archiva y reconoce una máquina de IA un rostro? De una forma sencilla y abreviada diremos que un sistema como DeepFace cartografía el rostro con 73 puntos clave, luego reconstruye ese rostro de frente, obtiene información invariable de ese rostro y reduce la imagen a una nube de puntos, una especie de impronta numérica. Finalmente compara este impronta con millones de otras improntas para encontrar, por proximidad numérica su identidad. Lo que al cerebro humano le hace cavilar tratando de situar un rostros en algún episodio de nuestra vida para saber quién es, DeepFace lo hace en segundos. La IA empieza a superarnos poco a poco.

De Hollywood a la realidad robótica

Hollywood fue la primera en recrearnos con robots en sus películas, pero sólo eran estructuras metálicas que en la mayor parte de las ocasiones llevaban a un extra dentro. Cuando los laboratorios crearon los primeros robots eran máquinas con ridículos aspectos humanos e inseguros movimientos. El primer robot de la historia moderna fue ASIMO (Ad-

Asimo es un robot humanoide considerado uno de los más avanzados del mundo.

vanced Step in Innovative MObility), un robot humanoide desarrollado por Honda que fue considerado como uno de los más avanzados del mundo.

ASIMO, que ha terminado en un museo, mide 130 centímetros y pesa 48 kilogramos, y se alimenta con un batería recargable de 51,8 voltios de una autonomía de una hora. Lleva sensores visuales que le permiten identificar obstáculos aunque estén en movimiento. Sus sensores de detección son láser, infrarrojos y ultrasónicos. ASIMO identifica caras humanas, recibe órdenes gestuales y de voz, puede transportar objetos de medio kilo con cada mano.

Uno de los modelos de robot más avanzado es el denominado ATLAS, una innovación del Departamento de Defensa de EE.UU. (DARPA). ATLAS es un robot humanoide que se dio a conocer en verano de 2013 por la Boston Dynamics. Se trata de un robot de 1,80 metros de altura y unos 150 kilos de peso aproximadamente. Lleva incorporado un láser que le proporciona un mapa detallado en 3D de visión. Sus manos son robóticas con diferentes funciones.

Los brazos de ATLAS le permiten transportar grandes pesos, pero su aplicación está destinada para actuar en crisis nucleares permitiéndole entrar en las centrales afectadas por un accidente con escape radioactivo. También podrá sellar derrames de petróleo y actuar en otros tipos de accidentes. Boston Dynamics no sólo trabaja en este prototipo, ya ha desarrollado otros modelos como la mula de carga L93, o un robot escalador de paredes conocido como RISE.

Boston Dynamics estaba orgullosa de su robot ATLAS hasta que apareció VALKYRE, un nuevo robot de la NASA que está dispuesto o dispuesta a competir con el «Terminator» de ATLAS.

Atlas es un robot que lleva incorporado un láser que le da información en 3D.

VALKYRE, nombre que evoca a una diosa mitológica nórdica, ha sido desarrollado por el Centro Espacial Johnson de la NASA, y han colaborado en su construcción, la Universidad de Texas, y Texas A&M University.

VALKYRE tiene un peso de 124 kilos y una altura de 1,88 metros. Tiene más de una hora de autonomía. Lleva sensores incorporados, sonar y cámaras en la cabeza, brazos, abdomen y piernas que le permiten una gran visión. ¿Por qué tantas cámaras? Por la sencilla razón que VALKYRE puede rotar de cintura 44° y recoger objetos del suelo, movimientos que ATLAS no puede realizar.

La flexibilidad de movimientos de VALKYRE lo hace apto para conducir un vehículo, socorrer en desastres en centrales nucleares y terremotos. Ha sido un robot diseñado para la conquista de Marte, ya que, según el programa de la NASA, será el primero en ser enviado a Marte con el objetivo de abrir camino a los colonizadores y ayudarlos cuando estos lleguen a este planeta.

VALKYRE y ATLAS se enfrentaron en un *trial* con otros robots, el pasado diciembre de 2013. Sin embargo, la competición sufrió un giró cuando Google compró, inesperadamente, el 13 de diciembre de 2013, Boston Dynamics, por un cifra que hasta la fecha se ha mantenido en secreto. Google propuso una competición entre todos los fabricantes de robots con un premio en metálico para aquel robot que mostrase las mejores habilidades.

Rusia, que no se ha quedado al margen de la carrera robótica, ya ha anunciado que para 2015 tiene previsto enviar un robot a la ISS. Se trata de Robonaut SAR-400 o SAR-401, construido en por Gagarin Training Research Institute Centro de Cosmonautas Yuri.

En el mercado de la robótica cabe destacar al robot Cheetah, de la Boston Dynamics capaz de correr, en una cinta automática, 29 millas por hora, convirtiéndose en más rápido que el medallista olímpico de 100 metros, el jamaicano Usain Bolt.

Otro robot interesante, al margen de ATLAS y VALKIRIA, es CHIMP, diseñado por la Universidad de Pittsburgh, una plataforma inteligente móvil que abre puertas y puede colocar una manguera de bomberos en un grifo.

CUANDO LOS ROBOTS COMPITEN

El 20 y 21 de diciembre de 2013 se celebró en Honesfead (Miami), el gran «DARPA, Desafío de Robots». En el que compitieron 17 robots, para demostrar cuál era el mejor. Los favoritos eran Atlas de la Boston Dynamics/Google, Valkiria de la NASA y los robots del MIT.

Se les otorgó a los 17 robots, treinta minutos para realizar ocho tareas, desafíos en que tenían que demostrar su movilidad, destreza, fuerza y otras cualidades. Las tareas fueron las siguientes:

1. Conducir un vehículo, saber entrar y salir de él. Un auténtico reto de destreza para el robot.
2. Caminar sobre un terreno dificultoso manteniendo el equilibrio.
3. Despejar un camino de residuos abriéndose paso ellos y dejándolo disponible para los humanos.
4. Abrir un serie de puertas. Una tarea que demostrará su percepción y destreza.
5. Subir por una escalera industrial manteniendo su equilibrio.
6. Utilización de herramientas eléctricas demostrando su flexibilidad para manipularlas suavemente. Saber perforar con un taladro manual.
7. Transportar y saber conectar una manguera de agua a una espita y manejarla. Transportar objetos voluminosos.
8. Identificar una válvula entre varias, determinar cuál está abierta y saberla cerrar.

No son tareas sencillas, muchos humanos no las saben realizar. Son pruebas destinadas a demostrar su capacidad ante un accidente o catástrofe, esos sucesos que hacen perder los nervios a los humanos pero que mantienen impasibles a las máquinas porqué aún no tienen inteligencia emocional.

Las empresas que participaron con sus robots fueron: RoboSimian; PI & Sliding Autonomy Lead; Mesa Universidad de Colorado; PENN Robotics y Robotics Mechanisms Laboratory; Lockheed Martin y la Universidad de Pennsylvania; ViGir y las universidades de Darmstadt y OSU en Orgeon; NASA; TracLabs; WPI Robotics Engineering y la Carnegie Mellon University; Jet Propulsion Lab, Caltch y Lelan Stanford University.

Los cinco primeros ganadores fueron Schaft con 27 puntos; IHMC Robotics (Institute for Human & Machine Cognition), con 20 puntos; y Tartan Rescue con 18 puntos; MIT con 16 puntos y Robosiman con 14 puntos. Los robots favoritos Valkirya y Atlas de la NASA y Boston Dynamics, respectivamente, quedaron los últimos al sufrir averías.

El envite de Google por la robótica

Google ha adquirido nueve empresas de robótica y ha comenzado a contratar personal para el desarrollo e investigación en este campo en el que ha puesto al frente a Andy Rubin que dirige Google Androide.

El nuevo paso de Google no forma parte de Google X, los laboratorios experimentales de la Compañía, sino un proyecto para desarrollar el futuro de la robótica en nuestra sociedad.

Para el desarrollo de este nuevo campo, Google, ha contratado un equipo de ingenieros japoneses especializados en robot humanoides. Para Sethu Vijayakumar, director del Laboratorio de Robótica de la Universidad de Edimburgo, esto es una clara señal de que la robótica personalizada entrará en breve plazo en el mercado. Google ha sentado la sede de operaciones de la investigación y búsqueda robótica en Palo Alto, California, además de una sede en Japón. Ya se están construyendo hardware y software.

Una idea de algunas de las empresas adquiridas en 2013 por Google nos puede orientar de cara a anticipar cómo será el futuro que se avecina.

Autofuss: Compañía de San Francisco que emplea la robótica para crear anuncios.

Bot y Dolly: Compañía hermana de Autofuss especializada en robótica precisa de movimiento y la realización de películas.

Holomni: Compañía de Mountain View, California, especializada en los módulos de las ruedas giratorias que podrían acelerar el movimiento de un vehículo en cualquier dirección.

Percepción Industrial: Con sede en Palo Alto, centrada en el uso de tecnologías robóticas 3D Visión guiada para automatizar la carga y descarga de camiones y manejar los paquetes.

Meka Robotics: Un *spin-off* del Instituto de Tecnología de Massachusetts (MIT) que construye las partes del robot con apariencia amigable que da más seguridad a los seres humanos. Sus productos incluyen cabezales con sensores oculares grandes, brazos y un «torso humanoide».

Redwood Robotics: Compañía con sede en San Francisco, que se ha especializado en la creación de brazos robóticos de última generación para uso en las industrias de fabricación, distribución y servicios de atención sanitaria.

Schaft: Un *spin-off* de la Universidad de Tokio, que se centra en la creación y el funcionamiento de los robots humanoides, ganadora de encuentro de robots en Miami.

Nadie puede dudar que Google no se esté volcando en la robótica para terminar en la creación de avatares. Y como ejemplo de ello tenemos que ha adquirido Boston Dynamics, la principal empresa de robótica que trabaja para el Pentágono.

Boston Dynamics, con sede en Waltham, Massachusettes, es la más avanzada industria en robótica. Se trata de un esfuerzo más de Google, cuya división de robótica tiene al frente a Andy Rubin, que ya desarrolló Android, el software de *smartphone* más utilizado del mundo.

Todo apunta a que Google no sólo quiere robots para empaquetar y realizar trabajos mecánicos, sino que esta industria tiene relación con Initiative 2045, y los futuros avatares. La experiencia de Boston Dynamics en todo tipo de robots le permite a Google no tener que partir de cero en una tecnología que desconocida para sus laboratorios. Boston Dynamics ha desarrollado los mejores robots capaces de desplazarse por terrenos difíciles, galopar y ascender por terrenos inaccesibles.

Con la compra de Boston Dynamics, Google se ve obligado a cumplir los contratos que tiene esta empresa con DARPA, pero Google ha dejado bien claro que no se se van a convertir en contratistas militares. La política y la filosofía de Google es ayudar al mundo, no armarlo. El proyecto Atlas seguirá su ritmo de fabricación. Incluso se propone un concurso con un premio de dos millones de dólares en el que compitan los robots de todo tipo.

Google, igual que apostó por la inmortalidad y la investigación con avatares, apuesta con los robots... por lo menos hasta el año 2045.

Veamos una simple lista de las adquisiciones de Google, desde 2006 en el campo de la robótica e IA:

2006 Neven Vision Germany (IA)
2010 Phonectic Arts (IA)
2011 PittPatt (Reconocimiento facial e IA)
Say Now (Reconocimiento voz e IA)
2012 VieWdle (Reconocimiento facial e IA)
2013 Flutler (Control gesticular e IA)
Winn Labs (Smartwatcher)
Makani Power (Energías renovables)

Wavii (Comprensión lenguaje e IA)
Behavio (Predicción comportamientos e IA)
Dnn reserache (Investigación neuronal e IA)
Boston Dynamics (Robótica)
Bot & Dolly (Robótica e imágenes)
Holonni (Robótica)
Meka Robotic (Robótica)
Industrial Perception (Robótica)
Redwood Robotic (Robótica)
Schaft (Robótica)
2014 Nest Labs (Detectores)
DeepMind (IA)
Titan Aeroespace (Drones solares)

No nos engañemos, en pocos años, los robot van a estar cada día más presentes en nuestra sociedad. Andrew McAffe, investigador del MIT y autor de *The Second Machine Age,* pronostica una nueva era de la tecnología robótica, pero también advierte que cada vez habrán menos puestos de trabajo. La nueva economía no estará basada en el trabajo, sino en las ideas. McAffe se replantea el hecho que tal vez habrá que adaptarse a un mundo que no tiene necesidad del 30% de su población. También coincide con otros analistas que los elementos culturales enriquecerán nuestras vidas.

CAPÍTULO 6

VIVIR ENTRE MÁQUINAS INTELIGENTES

«Vivo o muerto vendrás conmigo.»

ROBOCOP

«Volveré.»

TERMINATOR

«Fui programado para servir, no para destruir.»

C3PO EN *LA GUERRA DE LAS GALAXIAS*

«Adiós muñeca, ha sido muy hermoso, pero eres un autómata sin alma.»

SAM SPADE A UNA DE LAS DAMAS QUE SIEMPRE TERMINABAN EN PRISIÓN EN SUS HISTORIAS.

El gran tirón de Google y Ray Kurzweil

Si no llega ser por Google tal vez la industria de la robótica no se habría acelerado de la forma que lo está haciendo, pero hay que admitir que ese gran tirón en esta industria se debe a personas como Ray Kurzweil, a empresas como Google y al proyecto Initiative 2045.

Kurzweil es un visionario que tiene la sorprendente capacidad de adelantarse al futuro, y sus fantasías tienen la peculiaridad de convertirse siempre en realidad. Está convencido que las máquinas y el interfaz cerebro-computadora nos hará inmortales, y ha convencido a Larry Page, co-fundador de Google, para alcanzar esta meta. Kurzweil ha predicho que en 15 años los ordenadores serán más inteligentes

Ray Kurzweil

que nosotros y que los robots estarán dotados de IA. No nos engañemos, las predicciones de Kurzweil acostumbran a hacerse realidad.

Los avances tecnológicos en el campo de la robótica están representando una revolución silenciosa que se va imponiendo día a día y que están cambiando el mundo. El conocimiento de la IA le ha abierto a Kurzweil las puertas para ser director de ingeniería de Google, manteniendo su lema favorito: «Crecer en el futuro».

Desde que Kurzweil dirige la rama de IA de Google, las compras de compañías de robótica por parte de Google se han disparado, al mismo tiempo que está construyendo lo que será el laboratorio de IA más grande de la Tierra.

Google ha comprado todas las empresas importantes de robótica, entre ellas la poderosa Boston Dynamics, creadora de temibles robots para el ejército de Estados Unidos. Con esta primera compra de Google, también han pasado a sus manos los laboratorios Nest, la empresa británica Deepmimd de la que ya he hablado, Bot y Dolly, Meka Robotics, Holomni, Redwood Robótica, Schaft, DNNresearch. También ha contratado al científico Geoff Hinton, el mayor experto del mundo en redes neuronales.

Este despliegue de adquisiciones ha hecho reaccionar a otras empresas que temen que el mundo de la IA y la robótica quede en manos de una sola empresa, o grupo que acabaría dominando el mundo comercialmente e ideológicamente.

Si la IA era posible, y si alguien podía hacerlo es el equipo de Google, que por ahora va en cabeza en esta carrera. Con toda seguridad este salto se debe a la audacia de Kurzweil, que se ha encontrado con una empresa que dispone los medios económicos necesarios para invertir en esta aventura. Kurzweil alega que el triunfo, además de disponer de todo el dinero que sea necesario, está en haber encontrado un equipo que no piensa en el futuro como el resto de los humanos, gente que según Kurzweil tienen una «intuición que no es lineal».

Cuando Larry Page conoció a Kurzweil y este le habló de sus proyectos, Page se dio cuenta que era lo que estaban intentando hacer el Google. Page no dudó y le ofreció: «Hazlo en Google, tienes independencia y acceso a todos los recursos que necesitas». Que Google te ofrezca sus recursos es abrirte las puertas a cualquier cosa más allá de lo que el mundo haya visto antes. Son los datos de los mil millones de personas que utilizan Google cada día, gráficos, redes, estadísticas, costumbres, etc., controlados y aprovechados por una empresa en la que están trabajando las personas más inteligentes del planeta.

Otro personaje que entra en este escenario de Google es Regina Dugan, la directora del DARPA, la agencia secreta militar de EE.UU. ¿Adivinan dónde trabaja ahora? Si alguien podía significar una competencia para Google era DARPA cuyas investigaciones son subvencionadas por el Gobierno de Estados Unidos, y cuenta en la actualidad con los robots más avanzados.

Robótica, IA y vivir eternamente son las metas de Kurzweil quien afirma que «las religiones nos vienen con historias en las que explican que la muerte es una cosa buena. No lo es, es una tragedia. Nosotros trabajamos para una extensión radical de la vida, trabajamos para ser millones de veces más inteligentes y poder contar con entornos de realidad tan fantásticos como nuestra imaginación».

Pero hay que señalar que el desembarco de Kurzweil en Google también ha representado que muchos directivos abandonaran la empresa. No quiero decir con esto que estos abandonos se deban a discrepancias con las ideas de Kurzweil, las razones tal vez las sepamos algún día, pero tenemos que considerar que se trata de un sector en el que las lealtades no son muy corrientes, y en el que cambiar de empresa es algo común, sobre todo cuando te ofrecen un cheque en blanco. El primero en abandonar Google fue Andy Rubin, responsable del ecosistema Android; después el brasileño Hugo Barra de la alta directiva; también abandonó Google Vic Gundotra, indio, vicepresidente de redes sociales, y finalmente Babak Parviz, visionario de las gafas Google, los coches sin conductor, las lentillas que miden el nivel de glucosa en la sangre. Parviz se pasó a la competencia Amazon de Jeff Bezos, lo que evidencia una apuesta firme de Amazon por el hardware.

UN ROBOT EN EL CONSEJO DE ADMINISTRACIÓN

La irrupción de la mano de obra robótica plantea nuevos problemas en el mundo laboral y la sociedad. Surge la amenaza de que millones de empleados vean cómo sus lugares de trabajo son reemplazados por robots. No estoy hablando de un futuro lejano, es una realidad ya casi presente en la que todos los políticos tienen que empezar a pensar.

Algunos especialistas en prospectiva ven la necesidad de prepararse para un futuro, que ya ha comenzado, y que augura grandes cambios por la irrupción de los robots. Así, el doctor James Hughes[1], especialista en bioética, plantea la necesidad de que las sociedades democráticas deben responder a un «rediseñado humano del futuro».

Marshall, autor de *Nación Robot*, cree en una evolución muy rápida de la tecnología robótica y la existencia de robots inteligentes antes del 2030. Piensa que estos robots se harán cargo del 50% de los puestos de trabajo en Estados Unidos, lo que significa que cincuenta millones de personas estarán desempleadas. Esto originará un periodo de crisis económica.

Los robots son inevitables y su irrupción puede suceder sin control, enviando a millones de personas a sus casas sin ningún tipo de ingreso económico. Es un tipo de peligro que afecta desde un operario a un miembro del Consejo de Administración.

En mayo de 2014 una firma de capital de riesgo japonesa, anunció que había nombrado una IA en su Consejo de Administración. Se trataba de un robot llamado Vital que tiene la capacidad de recoger datos sobre las tendencias de los merca-

---

1. Autor de *Citizen Cíborgs* y *Cíborg Buddha*.

dos, realizar análisis y ver las predilecciones de los mercados. Datos que le permiten predecir inversiones exitosas. Tal vez un día los consejos de administración sólo estarán formados por robots, serán tecnoconsejos de administración.

Nos enfrentamos a un replanteamiento del mundo laboral, un mundo que se nutrirá de una mano de obra diferente. Una mano de obra, como he explicado en el capítulo anterior, que trabajará día y noche, que no hará vacaciones, ni reivindicará aumentos salariales. Una mano de obra que, al margen de su compra, tendrá escasos gastos de mantenimiento: la energía que consuma y alguna revisión periódica. A cambio de esta bicoca, millones de trabajadores se quedarán en el paro sin sueldo y sin trabajo.

Algunos especialistas en economía creen que se podrían crear tasas a cada robot con el fin de poder adjudicar un sueldo a los parados. No se puede tener una sociedad sin ningún ingreso económico porque el sistema de comercio no funcionaría. ¿Quién compraría los productos que fabrican los robots si nadie tiene dinero? Hay que buscar nuevas fórmulas, prever este nuevo mundo laboral. Realizar un rediseñado humano del futuro como plantea James Hughes.

Muchas profesiones de alto nivel se verán afectadas por el poder de los robots y los ordenadores. Entre ellas la ley, la arquitectura y la medicina.

En lo que se refiere a abogacía y leyes, hoy ya existe la empresa Abogados Rocket que cuenta con 30 millones de usuarios, personas que pagan cuotas mensuales para tener acceso instantáneo a documentos pre-preparados por los servicios jurídicos que ofrecen. Incluso jueces que abogan por los tribunales virtuales ya utilizan estos servicios de datos.

En arquitectura, a veces, el diseño no es lo más valioso de un estudio de proyectos, sino su potencia de cálculo, algo que hasta ahora sólo tenían las grandes multinacionales de arquitectura. La empresa de software Autodesk, ofrece las herramientas de diseño virtual y el acceso a la potencia de cálculo, de forma que el arquitecto solitario que trabaja desde su casa, tiene acceso a la misma potencia de cálculo que las grandes multinacionales de la arquitectura. Ahora un graduado se convierte en un feroz competidor gracias a la computación.

Más que nunca tenemos que anticiparnos al futuro si no queremos que nuestro mundo sea aspirado por una crisis sin salida. El problema es que el futuro ya es hoy, un presente con más problemas.

Yo robot Pepper

Masayoshi Son, presidente de Sprint SoftBank, anunció en Tokio la salida al mercado del robot Pepper, un androide de apariencia humana capaz de cuidar ancianos y niños. Se presentó como el «primer robot personal del mundo de las emociones». Un robot de un metro y medio de altura y unos 28 kg de peso que actúa de forma natural. Tiene una autonomía de 12 horas. El modelo Pepper ya se puede encontrar en las tiendas de Tokio.

Pepper ha sido diseñado por SoftBank y la empresa francesa Aldebaran Robotics, que ya ha producido otros modelos como Nao y Romeo. Ambas empresas tienen la intención de crear una flota de robots para atender a los ancianos. La idea de estas empresas es cambiar el mundo sanitario, aliviando la carga de los cuidadores de ancianos y mejorando la calidad de vida. Tras Pepper, SoftBank presentó el ASRA C1, sucesor de Pepper, un robot de 1,2 metros de altura y 13,5 kg de peso.

El robot Pepper.

Entrevistas realizadas entre los ciudadanos muestran que no ven muy positivo que un robot cuide de ellos en la vejez. Pero los jóvenes tienen otra visión, ya que nacen con estos robots que los pueden cuidar desde pequeños. La interacción robot-humano es más positiva entre la gente joven.

Pese a este rechazo, en los Países Bajos se ha desplegado un servicio de robots para ofrecer asistencia en casa a personas mayores a través de un robot llamado Héctor que habla por teléfono, recuerda qué comprimidos deben tomar, prepara las listas de compras y puede detectar caídas y avisar solicitando ayuda.

El país en el que la aceptación de robots es más alta es Japón, donde los robots han existido desde hace tiempo desde los tamagochis a los Transformers. En Japón los robots resultan simpáticos, según la religión shinto hay un espíritu dentro de cada uno, por eso son aceptados inmediatamente. Con una aceptación de los robots ya no se trata de adecuar a estas máquinas, sino de enseñar a los ciudadanos cómo interactuar con ellos.

Mientras un robot se asemeje más en sus movimientos y en su lenguaje a un ser humano, mayor será su aceptación. Con estas características los robots inspiran más confianza y simpatía.

ROBOTS A NUESTRA IMAGEN Y SEMEJANZA

En los robots actuales su aspecto humanoide ha evolucionado considerablemente, ya que cada vez tienen un parecido más humano, entre otras cosas debido a que mientras más humano se vea un robot menos aterrador es. Así vemos que la nueva tendencia es la construcción de robots con parecidos humanos. Incluso con expresiones en sus rostros que denoten emociones. Se pretende que los Avatares de Initiative 2045, sean lo más parecido posible a los humanos, incluso se desea que sean la imagen del donante del cerebro.

Destacaré que existen dos tendencias en la fabricación de robots. Una con parecido humano, a imagen y semejanza nuestra, y la otra basada en estructuras metálicas. Se diría que aquellos de estructura humana serán los destinados a interactuar con los seres humanos, mientras que los otros tendrán otras aplicaciones.

El mundo de los robots está entrando en una fase compleja en una civilización que puede irse de nuestras manos. La perfección en los robots puede terminar en rebelión, como la historia de Isaac Asimov en *Yo Robot*, o con simpáticos sirvientes como los del *Dormilón* de Woody Allen. Al hablar de robots no siempre son androides. Los drones no dejan de ser robots que vuelan, y los nuevos modelos ya tienen la capacidad de tomar decisiones, de llevar a cabo ataques de manera autónoma sin la intermediación humana.

Ishiguro, técnico en robótica y asesor de Initiative 2045, es de los que aboga en la necesidad de programar los robots para que respeten la legislación internacional. En el caso de los drones, ya que no podemos impedir que se fabriquen, hay que programarlos para que sepan distinguir entre combatientes y civiles.

El futuro del mundo robótico está garantizado, es una tendencia al alza y un mercado en el que cada día se incorporan más empresas. Toda aquella industria obsoleta que está desapareciendo y todas aquellas tiendas que se están cerrando, serán sustituidas por este nuevo mercado. Grandes industrias que antes fabricaban tejidos, serán convertidas en inmensas naves donde se ensamblarán robots; entraremos en tiendas en las que sus estanterías serán féretros que ofrecerán diferentes tipos de androides con sus cualidades y especialidades detalladas para el comprador; cualquier línea de fabricación tendrá brazos robóticos para soldar, cargar, pintar o perforar. Existirán tiendas especializadas en las que, a través de la tecnología 3D, fabricarán androides personalizados, es decir, con nuestra imagen o con la que queramos. Habrá quién escogerá la imagen de una actriz o artista de cine, hasta quién preferirá la imagen de un ser perdido. El morbo y los gustos es algo que no le interesa al fabricante.

Dmitry Itskov, el principal impulsor de Initiative 2045 ha hecho construir una compleja cabeza mecánica que es una réplica de él mismo. Se ha construido en Texas, donde está la sede de Hanson Robotics, empresa fundada por el doctor en ingeniería David Hanson. Mientras que la mayoría de las cabezas robóticas tienen 20 motores, la de Itskov tendrá 36, con el fin de conseguir más expresiones faciales.

Hiroshi Ishiguro y su doble robot.

La réplica robótica humanas más perfecta la ha conseguido el doctor Hiroshi Ishiguro, el más importante ingeniero de robots del mundo. Ishiguro ha creado un androide que es una copia suya difícil de distinguir quien es quien. Su rostro ha sido reproducido perfectamente y su copia llega a realizar gestos característicos de él. El 24 de junio de 2014, Ishiguro presentó en el Museo de Ciencias Emergentes y Tecnología de Tokio, sus dos nuevos robots humanoides: Otonaroid y Kodomoroid. Se trata de dos cíborgs femeninos inquietantemente realistas que leen con fluidez, parpadean, y realizan gestos en su rostro, incluido el movimiento de cejas.

Ishiguro es profesor de sistemas de innovación de la Escuela Superior de Ciencias de Ingeniería en la Universidad de Osaka. Tiene su propio laboratorio en el Instituto de Investigaciones de Telecomunicaciones avanzadas. Su objetivo es desarrollar robots interactivos que trabajen en acciones cotidianas de la vida diaria. Piensa que la imagen del robot es muy importante, ya que mientras más humano se vea un robot menos aterrador es. Si un robot actúa como un ser humano es más aceptado por la mente humana.

Ishiguro se ha incorporado al proyecto Initiative 2045, y como todos sus miembros se aprecia en él una filosofía que va más allá de la fría ingeniería robótica. Así destaca: «No estoy tan interesado en los robots, mi preocupación principal es el ser humano (…) No hay límites para el estudio de los seres humanos. Estamos desarrollando tecnologías, incluyendo robots, para la comprensión del ser humano. Es una manera constructiva de entenderá los seres humanos».

Los técnicos en robótica se esfuerzan en crear robots lo más parecidos a los humanos. Se ha conseguido realizar rostros de silicona con 25 y más movimientos.

Hanson Robotics es una constructora de robots destinados a servir a la ciencia, a la medicina y a la investigación. Dirigida por David Hanson, esta empresa tiene el objetivo de crear robots tan hábiles como cualquier ser humano. Para ello ha desarrollado un hardware que permite a sus robots establecer contacto con la visión, reconocer rostros y voces, factores que ser son útiles en las ciencias cognitivas y la psicología.

Mick Walters de la Universidad Hertfordshire de Inglaterra, ha creado a Kaspar, un robot niño. Kaspar con sus movimientos y expresión real está destinado a ayudar a niños autistas.

El *sumum* de los robots humanoides ha sido también creado en Japón, se trata de Germinoid-F (L), con auténticos movimientos humanos, faciales y corporales, es una copia auténtica de una modelo japonesa.

Posiblemente llegará un momento en que los robots humanoides serán indistinguibles de los seres humanos, sólo a través de un avanzado test de Turing podrán ser identificados, o a través del iris del ojo como vimos en la película *Blade Runner*.

SEXOROBÓTICA. EL FIN DE LA MUÑECA HINCHABLE

El espectáculo ha comenzado sin movernos de casa. Los *voyeurs* tienen en su salón todo aquello que les ofrecían las sexshops. Sólo tendrán que disponer de un equipo adecuado que proyecte en medio de la estancia hologramas con figuras humanas contorsionándose, realizando *striptease*, practicando sexo o cualquier otra actividad relacionada con el erotismo. Con la ventaja que podrá colocar los rostros que deseen en esas imágenes según las fantasías de su libido.

También se ha terminado estar soplando o dándole a un inflador para hinchar las viejas *poupées* de plástico. Los consoladores vibratorios quedarán abandonados en el baúl del altillo para ser sorpresa de las nuevas generaciones el día que decidan hurgar entre los recuerdos de los abuelos o abuelas. Con ellos se almacenarán las cintas de vídeo que habrán sido sustituidas por las imágenes virtuales y los hologramas. Tal vez nuestros descendientes encuentren en ese viejo baúl algunas cajas de Viagra, anticonceptivos y cajas de preservativos. Viejos productos vivificantes que habrán sido sustituidos por una gran gama de estimulantes que actuarán directamente en nuestro cerebro para que este descargue neurotransmisores como la acetilona, oxitocina o dopamina que desatan la actividad sexual.

El erotismo novedoso será disponer en casa de un robot del tamaño natural, que habrá retirado aquellas ridículas *poupées* de inseguro plástico, con mochos en la cabeza y expresiones boquiabiertas, que había que hinchar agotadoramente hasta el punto que cuando estaba inflada el propietario caía rendido en la cama sin ganas de realizar nada.

Las nuevas muñecas hinchables serán robots sofisticados con textura de piel humana, gemidos y movimientos propios. Tal vez serán de grafeno. Habrá hombre y mujeres con todas las medidas de sus órganos sexuales. Las máquinas 3D permitirán elegir los rostros que se quiera, desde una actriz famosa o un famoso, hasta la vecina del piso de enfrente, pasando por políticos y jueces. Estos robots llevarán chips incorporados que les permitirán interpretar por los sonidos o los movimientos del ser humano el momento del clímax y simular un orgasmo.

Sin embargo, el *summum* de la aventura erótica se producirá cuando podamos descargar en nuestro cerebro una historia erótica de sexo virtual que nos hará vivir una realidad como la vida humana biológica. El sueño de *The Matrix* a través de BIC, un tema que trataremos en el capítulo octavo y que pese a su aparente fantasía ya se está ensayando en laboratorios, donde se ha descargado en el cerebro de un ratón, los conocimientos y experiencia de otros diez roedores.

No nos quepa duda que los avances en robótica y en BIC crearán un gran mercado, como lo está creando ahora con los videos pornográficos. El sexo ha existido siempre y perdurará en las futuras generaciones, donde siempre habrá alguien que precisará un robot para desahogar su Prianoísmo o su furor uterino.

¿CÓMO ESTOY DOCTOR-ROBOT?

Uno de los lugares donde los robots han empezado a irrumpir con más fuerza ha sido en los hospitales, centros de recuperación o asistencia a ancianos y disminuidos. En estos lugares existen robots que realizan simple servicios y otros más complejos que intervienen en operaciones quirúrgicas de gran precisión.

Un robot de servicios puede traernos la alimentación, comprobar nuestra constantes, vigilar si hemos tomado nuestra medicación, ayudarnos a desplazarnos y otras tareas similares. Incluso responder a algunas de las preguntas que le podamos realizar. Por ahora sólo estamos hablando de robots programados y carentes de una IA, pero con un inicio de un aprendizaje profundo.

En cuanto a la cirugía robótica, muchas personas a las que se tienen que intervenir prefieren que sea una máquina las que les opere que un ser humano. ¿Por qué? Porque la cirugía robótica ofrece una mayor precisión en la intervención, es más rápida, es una cirugía de invasión mínima, realiza incisiones menores en las que las pérdidas de sangre son mínimas, los robots no se fatigan ni tienen pérdida de atención. Lo que no saben estos pacientes es que, por ahora, siempre hay un control remoto del cirujano y que el robot debe programarse para la intervención y en ambos casos sigue existiendo el factor humano. Posiblemente durante la intervención la máquina no temblará, tampoco se cansará, pero como toda máquina está sujeta a una avería que obligará al cirujano a intervenir manualmente.

En el Hospital del Mar de Barcelona disponen del robot Da Vinci, creado por Intuitive Surgical para realizar intervenciones de urología y trepanaciones. Este robot se compone de una conso-

Robot cirujano.

la ergonómica desde la que el cirujano opera sentado y que, normalmente, se encuentran en el mismo quirófano. Al lado del paciente se sitúa la torre de visión (formada por controladores, vídeo, audio y proceso de imagen) y el carro quirúrgico que incorpora tres o cuatro brazos robóticos interactivos controlados desde la consola, en el extremo de los cuales se encuentran acopladas las distintas herramientas que el médico necesita para operar, tales como bisturís, tijeras, unipolar, etc.

El robot Da Vinci permite optimizar el rango de acción de la mano humana, reduciendo el posible temblor y perfeccionando todos los movimientos del cirujano. De esta manera, se minimizan las posibilidades de error en relación a otros sistemas quirúrgicos como la laparoscopia, procedimiento en el que el cirujano debe operar de pie con una visión del área anatómica en la que interviene en 2D. En contraposición, el Da Vinci ofrece una visión tridimensional de la zona intervenida. Por otro lado, en la laparoscopia, el médico depende de un ayudante para posicionar la cámara correctamente, mientras que en el Da Vinci, el cirujano gestiona la cámara de forma totalmente autónoma. También es importante subrayar que el instrumental de la laparoscopia ofrece unos índices de versatilidad limitados mientras que los instrumentos del Da Vinci pueden operar de igual forma a cómo lo haría una muñeca humana, lo que permite realizar movimientos altamente precisos en espacios muy reducidos.

No solo la cirugía se beneficiará de las nuevas tecnologías, los médicos o los equipos de diagnóstico dispondrán de todos los datos necesarios, miles y millones de parámetros que les ofrecerán los ordenadores. El papel del médico cambiará de manera significativa con el uso de la robótica.

Algunos ingenieros informáticos creen que con el tiempo los robot terminarán haciendo cirugía por sí solos. Y los pacientes preferirán los robots ya que su perfección en las intervenciones será perfecta. Y que los algoritmos y las máquinas sustituirán al 80% de los médicos dentro de una generación.

La irrupción de la robótica no afecta solamente a los cirujanos, sino también a otras ramas de la medicina. Hoy los radiólogos expertos están superados por el software de reconocimiento de patrones que realiza diagnósticos rapidísimos a través de un ordenador.

ROBONAUT 2: UN ROBOT-CIRUJANO EN EL ESPACIO

En cada lanzamiento espacial con seres humanos se tienen en cuenta todas las eventualidades. Los astronautas son chequeados por equipos médicos que controlan hasta el más mínimo detalle, a la menor duda el astronauta se quedará en tierra. Las naves que los transportan hasta la estación espacial, la ISS, llevan su botiquín a bordo, siempre puede ocurrir que un astronauta sufra un corte, reciba un golpe o se produzca una quemadura. Siempre está latente el peligro de que un micrometeorito perfore la cápsula e hiera a uno de sus ocupantes. Siempre en los equipos de relevo hay un astronauta que, al margen de sus conocimientos técnicos, ha sido preparado para actuar como técnico sanitario.

En la ISS, los equipos de emergencia sanitaria son más completos. Lo ideal es que siempre hubiera un médico en la ISS, pero lamentablemente no es así, dado lo reducido de los equipos y las necesidades tecnológicas del espacio. En todas las misiones siempre habrá alguien que entenderá más de medicina y emergencias médicas. Siempre se pueden transmitir los electrocardiogramas a un equipo médico que está permanentemente de guardia en Tierra. Incluso, la ISS, dispone de un equipo de análisis de sangre y de orina para utilizar.

Pero ¿qué hacer cuando un astronauta precisa una intervención quirúrgica urgente? Ya no estamos hablando solamente de los que se encuentran en la ISS, sino de aquellos que se instalarán en la Luna o viajarán hasta Marte. Un simple ataque de apendicitis se convierte en un grave problema si no está programado un lanzamiento para recoger al astronauta. Podría ser intervenido por un compañero suyo siguiendo instrucciones desde la Tierra, pero aunque eso fuese posible no es los mismo una intervención quirúrgica sencilla en la Tierra que en la ingravidez del espacio.

La NASA está programando y sometiendo a pruebas un robot humanoide denominado Robonaut 2, que será el futuro médico de urgencias en la ISS.

Robonaut 2 ha costado cerca de dos millones de euros entre diseño, construcción programación y entrenamiento. En la ISS podrá trabajar con los astronautas y realizará aquellas tareas que, en exterior de la estación, entrañan riesgo para los astronautas. Dentro de la estación se preocupará de la salud de los diferentes equipos que pasen por la estación.

En la Tierra hay una réplica de Robonaut 2 que con un maniquí efectuará, sincronizadamente, los mismos movimientos que su doble. En cualquier el robot de la ISS, podrá poner una inyección y realizar una ecografía.

Pero esto no resuelve el problema de que un astronauta tenga un ataque de apendicitis o peritonitis. En esos casos hay que intervenir quirúrgicamente, casos a los que SRI Internacional ha encontrado nuevas soluciones.

Baxter un agricultor en el espacio

Baxter es un robot multiuso, fue diseñado originalmente como un robot industrial para trabajar junto a los humanos en las grandes naves de las fábricas, especialmente en funciones de trabajos rápidos y repetitivos.

Sus brazos van conectados a un ordenador, se trata de un robot muy apropiado en tareas de embalaje.

Baxter ha sido fabricado y comercializado por la firma con sede en Boston Rethink Robotics en 2012. En la actualidad se siguen realizando mejoras en su software, así como actualizaciones de su plataforma, denominada Intera 3. Se trata de crear un diseño para hacer más fácil a los seres humanos trabajar junto a Baxter, y para ello se le dota de un nuevo enfoque en la memoria y la seguridad. Con Intera 3, se ha conseguido duplicar la capacidad de rendimiento y ampliar las capacidades de Baxter, ya que se consigue que Baxter funcione el doble de rápido, con el doble de precisión.

Baxter puede imitar los movimientos que le enseña a realizar con sus brazos y recordarlos para ocasiones posteriores. Es decir se puede entrenar a Baxter a través de una demostración, es decir, enseñarle cómo colocar artículos en una caja, y luego colocar esa caja en un lugar determinado.

En el campo de la medicina, un equipo de científicos del Instituto Politécnico en Troy, Nueva York, ha estado enseñando Baxter a utilizar estetoscopios electrónicos y llevar a cabo exámenes médicos siendo controlado remotamente por un médico. Se le da instrucciones directas, que luego son copiados por un robot a distancia idéntica a la realización de actividades en el paciente. Al mismo tiempo, el médico observa a través de un enlace de vídeo.

Dentro de otro programa de enseñanza a Baxter está la agricultura espacial: Se le enseña a plantar y cuidar plantas en el espacio para alimentar a los astronautas que realizan largos viajes espaciales. Un equipo de la Universidad de Colorado en Boulder está siendo financiado por la NASA para enseñar a Baxter, no sólo en el campo de la agricultura espacial, sino también en otras actividades espaciales, ya que el robot tiene un enorme potencial. Si todo va según lo previsto, pronto se pondrán en acción las habilidades agrícolas de baxter en el espacio.

Robots made in Spain: Pal Robotics

Igual que el grafeno, donde España ocupa un lugar importante, en robótica las empresas del país no se han querido quedar atrás.

Indra, multinacional de consultoría y tecnología, aunque no es un fabricante está presente en la robótica de servicio y ha adquirido importantes compromisos con este sector. Macco Robotics es una empresa sevillana que comercializa robots orientados a la hostelería. Al principio se dedicó a la robótica industrial, pero inmediatamente se percató del gran campo que le ofrecía la robótica de servicios. Dispone de autómatas que hacen la función de los camareros, un robot del que Macco Robotics espera vender cien unidades antes del 2015. Esta empresa ha facturado más de cinco millones de euros en países como Estonia o Emiratos Árabes. Otra empresa española es la asturiana Adele Robots, especializada en robots que interactúan con las personas. Finalmente citaremos a la catalana Pal Robotics.

Pal Robotics es una compañía dedicada a la investigación y el desarrollo de robots domésticos destinados a ayudarnos en nuestros hábitos cotidianos y acrecentar la calidad de la vida. Es una compañía ubicada en Barcelona que tuvo sus inicios en 2004.

Tener una empresa de esta importancia cerca me hizo sucumbir a la tentación de realizar una visita para comprobar el desarrollo de la tecnología robótica. La realidad es que me costó más de dos meses poder acceder a sus naves, no porque me pusieran algún tipo de impedimento, todo lo contrario, una vez me identifiqué y manifesté que mi propósito era incluirlos en un libro que abordaría el tema de la robótica, todo fueron facilidades, pero tropecé con el hecho de que los robots más avanzados que disponían estaban de «viaje» los habían desplazado a la Universidad de México y a Moscú. Tuve que esperar hasta que estuvieran de regreso, la espera valió la pena.

Concertada una fecha me presenté en Pal Robotics, acompañado por Jordi Valverde[2], según lo acordado. La recepcionista, siempre con una amable sonrisa en su rostro, nos invitó voluntariamente a cumplimentar un cuestionario con nuestros datos y asegurar que no ibamos con la intención de realizar ningún tipo de espionaje tecnológico, por tanto ni grabaríamos ni fotografiaríamos sin permiso de la empresa. Era una declaración de buenas intenciones. Aquello me produjo la sensación que asistiría a un encuentro pleno de hermetis-

El autor del libro, Jorge Blaschke, durante su visita a PAL ROBOTICS.

mos. Pero la realidad es que se produjo todo lo contrario.

Los ingenieros de Pal Robotics, el CTO Luca, Joseph e Hilario, y el CEO Francesco nos mostraron, sin reservas, sus instalaciones, incluso el taller con la fresadora donde han «nacido» los diferentes modelos de robots cada vez más sofisticados. Con una gran amabilidad nos contestaron abiertamente a todas nuestras preguntas económicas, tecnológicas y profesionales. Sabían que la información que me estaban facilitando era para este libro y el interés que tenía en incluirlos por ser una empresa ubicada en Catalunya.

Destacar que el equipo de Pal Robotics está formado por profesionales, ingenieros y diseñadores, con un gran entusiasmo, integración y responsabilidad. Pal Robotics está asociada a Pal Technology, del Grupo Real de los Emiratos Árabes Unidos.

---

2. Informático y responsable de mi blog en Internet.

Las instalaciones de Pal Robotics ocupan una gran planta que carece, en lo mínimo posible, de compartimentos y adustas separaciones con muros, muy al talante de las naves de trabajo de Google. Así una entrada en sus instalaciones ofrece una imagen espaciosa y un ambiente de trabajo acogedor. Eso sí, reina el silencio entre los ingenieros que trabajan concentradamente delante de sus pantallas, algunos incluso con tres pantallas, y rodeados de prototipos o fragmentos de estructuras robóticas que, otros ingenieros, ajustan mecánicamente a los software que se instalan. Así se puede ver hasta un grupo de varios técnicos alrededor de una mano robótica de un prototipo de un robot que con sus sensores se está adaptando a la presión adecuada para poder coger un vaso de cristal con delicadeza.

El personal son jóvenes técnicos con camisetas y tejanos al puro estilo de Mark Zuckerberg, Serguéi Brin o Larry Page. Son técnicos que parecen salidos de Silicon Valley. Todos ellos poseen el don de la empatía y una didáctica accesible que sólo se tecnifica si advierten que estás al nivel necesario para comprenderlos.

Hicimos un recorrido por los diferentes rincones de la nave. Sólo en uno de sus ángulos de trabajo se aprecian diferencias, es donde se agrupaban los expertos en administración, comercialización y otras gestiones, departamento que los técnicos de Pal Robotics denominan *business.*

En una segunda fase pasamos al encuentro con los robots, desde los primeros prototipos hasta el moderno REEM-C. Antes de presentarnos «la joya de la corona» REEM-C, nos muestran otros robots anteriores REEM-A de 2001, REEM-B de 2006-2008 y REEM-H de 2012, todos ellos aproximadamente de la misma altura, REEM-A y REEM-B humanoides bípedos, REEM-H con una pantalla digital incorporada en su pecho a través de la cual se le da instrucciones para ejecutar las diferentes aplicaciones con que está dotado. Una pantalla que puede mostrar planos de un aeropuerto o unas galerías comerciales e incluso un menú de un restaurante. Su software incorpora elección del lenguaje, conexión con Internet, teléfono, y varias tareas entre las que puede elegirse la de vigilancia, información, transporte de objetos. REEM-H, con su 1,65 de altura y 100 kilos de peso, puede aproximarse al visitante de una pinacoteca y ofrecerle información en su pantalla sobre el óleo que está admirando; y como ya he explicado puede actuar de guía en un aeropuerto o en unas grandes galerías; mostrar en su pantalla un plano del lugar o el menú de un restaurante a los clientes. Su rostro motorizado nos observa atentamente girando su cabeza de uno a otro dentro de 22 grados. REEM-H se desplaza a 5 kilómetros por hora y sus baterías de litio garantizan una autonomía de ocho horas. Todo ello sin ninguna clase de cables, valiéndose de sus cámaras, ultrasonidos y láser. Tal vez REEM-H es el menos humanoide de todos, dado que las piernas han sido sustituidas por una estructura tipo faldón, un tronco de cono, con ruedas en su base. Para los técnicos en electrónica añadiré que REEM-H incorpora en computación Intel Core i7; Intel Atom D525 y Graphical Chip.

Comento con uno de los ingenieros lo prudentes que somos los europeos en el tamaño de la construcción de los robots, frente a eso grandes modelos americanos que se asemejan a terribles estructuras amenazantes. Me explica que casi todos los robots americanos, tipo Atlas o Valkiria, están construidos a base de bombas de presión de aceite que precisan para su incorporación grandes estructuras. Un robot de Pal Robotics, puede tener una avería en uno de sus motores, llevan más de treinta, y no pasa nada, se reemplaza y solucionado, pero en un robot gigantesco la bomba de presión puede reventar y el ingenio terminar dando manotazos a su entorno. Indiscutiblemente Pal Robotics comparte la política de humanizar a los robots, construirlos lo más parecidos a los seres humanos, saben que un robot, si ha de ser comercializado, no debe asustar a la gente, debe de conseguir cierto grado de empatía, y eso es lo que se aprecia en REEM-C, el último modelo creado en 2013.

REEM-C es capaz de darte la mano vigilando con sus sensores de no apretar más de la cuenta, mientras te saluda en catalán, español, inglés o ruso, cuatro de los idiomas que domina. Su suave mano es uno de los logros tecnológicos de Pal Robotics. Un miembro de 191 x 130 x 73 milímetros con un peso de 0,8 kilogramos, que está dotado de tres dedos con cuatro áreas diferentes de sensibilidad, bajo el control del software Orocos ROS Integration. Este miembro de gran sensibilidad tiene la habilidad de poder coger toda clase de objetos, incluso la palma de su mano está dotada de sensores de presión.

Los ingenieros de Pal Robotics nos realizan, orgullosos, una demostración de cómo se desplaza REEM-C. El robot estrella de la compañía es el resultado de varios años de experiencia, test y algoritmos que han desarrollado este bípedo. REEM-C, a 1,5 kilómetros por hora se aleja de nosotros, luego gira y regresa. Para sus desplazamientos utiliza sensores láser y ultrasonidos, parte de ellos incorporados en los pies. También se puede sentar para mantener una conversación en los idiomas citados.

Pero REEM-C nos observa atentamente con sus cámaras de alta resolución incorporadas en los ojos, da la impresión que nos advierte: «Me he quedado con vuestras caras». En realidad REEM-C es capaz de reconocer rostros y voces. REEM-C es una criatura de 165 centímetros de altura y 80 kilogramos de peso, dotada de motores, sónar, láser, micrófonos, cámaras y un complejo software. Para la jerga de los técnicos de Pal Robotics, es un «bípedo» y cuando actúa está «navegando». Su batería de litio le garantiza una autonomía de 3 o 6 horas, tiempo que dependerá si camina o está sentado.

REEM-C puede ser utilizado en la mayoría de funciones que realiza REEM-H, muchas de ellas por medio de su extenso lenguaje y su capacidad de entender lo que se le solicita. Es el compañero ideal para ayudar a personas ancianas y discapacitadas. Su software, ROS y OROCOS, le permite andar, navegar, coger objetos, reconocer rostros y voces. Tras estar unos pocos minutos con él, uno percibe que se está encariñando de esta estructura de la ingeniería emergente. ¿Cuál es su precio?: Aproximadamente 300.000 euros.

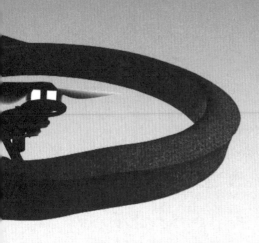

CAPÍTULO 7

LOS ROBOTS INVADEN EL CIELO Y EL ESPACIO

-¿Sabes cómo pilotar un avión?
-Volar sí... aterrizar no.

DE LA PELÍCULA *INDIANA JONES Y LA ÚLTIMA CRUZADA*

«Cualquier tecnología puede ser usada para fines militares, lo que lleva a no preocuparse de donde se va a utilizar, de lo contrario no se haría nunca ninguna investigación sobre cualquier cosa.»

THE GENERAL ROBOTICS, AUTOMATION, SENSING AND PERCEPTION (GRASP), UNIVERSIDAD DE PENNSYLVANIA.

«Si queremos conquistar el espacio, donde los viajes son largos y requieren mucho tiempo, necesitamos vivir más años.»

STEPHEN HAWKING

DRONES: LOS ROBOTS ASALTAN EL CIELO

Estará usted sentado tranquilamente en el sillón de su casa, o practicando sexo en su dormitorio, o desnudándose para cambiarse de ropa y, en un momento dado que su vista se centra en la ventana, descubrirá que un dron está grabando su intimidad.

Los drones están a punto de apoderarse de la vida civil. Sus usos y ventajas empujan a crear un nuevo aspecto de nuestro cielo, un espacio poblado de objetos que vuelan entre edificios transportando pequeñas cargas, vigilando, comunicándose, etc. De algunos modelos se han vendido más de 700.000 unidades, y se calcula que puede haber entre un millón y medio o dos de drones por todo el mundo. Sus ventajas empujan a las grandes multinacionales a utilizarlos, pero también a los medios informativos, policiales y los temidos *paparazzi*. Lo que nadie puede negar es que van a modificar profundamente la sociedad.

Los drones son pequeñas aparatos voladores dotados de una sofisticada tecnología. La miniaturización de los sistemas electrónicos ha permitido dotarlos de altímetros barométricos, sistema de gestión de los rotores, etc. Para pilotarlos se utiliza canales de radiofrecuencia, uno para el pilotaje del aparato de 2,4 GHz, otro para la transmisión de datos a tierra de 5,8 GHz, y un procesador GPS que permite seguir automáticamente el plan de vuelo pre-programado. Todo ello gracias a una placa de circuitos impresos de apenas una decena de centímetros cuadrados.

Su chasis y hélices son ultraligeros, construidos en aluminio y carbono. También su consumo es mínimo con su motor eléctrico con baterías de litio que permiten un vuelo de hasta media hora en los más sencillos.

En la actualidad existen diferentes modelos según su uso. Así hay microdrones de alas batientes con una gran autonomía; drones con rotores que les dan gran agilidad y permiten utilizarlos para inspección de edificios, puentes, accidentes y catástrofes; también están los que tienen alas de avión y que alcanzan velocidades de hasta 100 km/h, con un radio de acción de decenas de kilómetros; existen los drones con parapentes con motores térmicos de gran autonomía, ideales para el transporte; y, finalmente, drones dirigibles que pueden alcanzar grandes alturas.

En cuanto a los modelos también existe una gran variedad. El más popular por ahora es el denominado AR dron de Parot, del que ya se han vendido 700.000 unidades. Vuela a 20 Km/h, pesa 490 gramos y tiene una autonomía de unos 15 minutos. Puede llevar una cámara. Su precio es terriblemente accesible: 300 euros.

El más pequeño es el Robo-boBee de 3 cm de envergadura, un peso de 80 gramos, otros datos no se disponen. Está inspirado en una mosca, tiene alas que bate a 120 veces por segundo. Sus peculiarida-

El RoboBee, uno de los drones más pequeños que existen.

des en el campo del espionaje y el militar, lo hacen, por ahora inaccesible, volveré a hablar de estos microrobots más adelante.

El de mayor capacidad de transporte es el P-791 de la Lockheed Martín. Se trata de un desarrollo militar que combina los efectos aerostáticos y aerodinámicos. Sus 60 metros de envergadura le permiten llevar una carga de 20 toneladas, tiene una autonomía de varias horas.

Al hablar de rapidez tenemos que poner en la cabeza del ranking el DA42 (Diamond) de 13,4 metros de envergadura y un peso de 1,2 toneladas. Tiene una autonomía de 6 horas y alcanza los 351 km/h. Indudablemente es el más rápido

El que tiene más autonomía es el Zephyr de 22 metros de envergadura, un peso de 53 kg y una autonomía de 14 días. Dos semanas de vuelo.

Finalmente el más grande es el Global Observer de 53,3 metros de envergadura, un peso de 4,5 toneladas, una velocidad de 42,5 km/h y una autonomía de cinco días.

Los drones se convierten en unos prácticos vigilantes aéreos. Pueden vigilar las grandes zonas agrícolas y las cosechas; las fronteras, las zonas sensibles de robos, el tráfico de las carreteras, los incendios forestales a través de su óptica infarroja, la caza de animales protegidos, el tráfico marítimo, la pesca ilegal, los vertidos ilegales, la vigilancia policial de delitos y la investigación meteorológica. En el mar pueden detectar los bancos de peces y facilitar la labor de los pescadores.

También son útiles en la construcción de grandes puentes y la vigilancia de líneas eléctricas de alta tensión o gaseoductos, así como la comprobación de posibles grietas en columnas de sostenimiento de puentes. En el campo de la investigación son capaces de localizar lugares arqueológicos fotografiándolos en 3D, localizar yacimientos paleontológicos o construcciones enterradas en la arena o subsuelo. Pueden penetrar en lugares radioactivos sin necesidad de exponer vidas y medir los índices de radioactividad, hubieran sido ideales en Fukushima.

Para el transporte de pequeños objetos pueden significar una alternativa en las ciudades y alrededores. Amazon los utilizó, en un ensayo, para distribuir libros entre sus clientes. Pero de la misma manera puede transportar medicamentos a lugares casi inaccesibles. Pueden prestar ayuda en accidentes con cargas de medicamentos de urgencia: sangre o transporte de órganos para hospitales. Son de una ayuda incomparable para alpinistas o esquiadores aislados, al mismo tiempo que suministran datos y localización exacta de las víctimas en la montaña.

Intervienen detectando la polución y lanzando agentes dispersantes que neutralizan la polución que cae al suelo. También pueden provocar lluvia bombardeando las nubes con yoduro de plata para aumentar las precipitaciones en lugares elegidos. Sirven para ahuyentar determinadas aves de los aeropuertos, y lanzar insecticidas contra parásitos.

Desde el cielo pueden grabar acontecimientos deportivos: seguir a un esquiador que desciende, a un barco de competición. Son utilizados en las comunicaciones y llevar Internet a todos los lugares del mundo.

Pero como veremos a continuación no todo son ventajas. Todo descubrimiento tiene su uso bueno y su uso malo, un hecho que no depende del investigador, sino de la mente de los hombres que los van a utilizar más tarde.

Los nuevos paparazzi

Son los nuevos *paparazzi*, privados o de grandes medios de información. Se pueden adquirir en tiendas especializadas y en los comercios de los *gadgets* para espías.

Los *paparazzi* ya no tendrán que subirse a las tapias de las mansiones de los famosos, ni instalarse en lugares altos con sus potentes teleobjetivos para realizar sus fotos, ni perseguir con sus motocicletas los coches, o navegar en sus parapentes por los tejados... ahora tienen los drones.

Para ello disponen de drones con cámaras infrarrojas, con cámaras con zoom, disponen de mini-drones capaces de entrar por una ventana oír y grabar, drones capaces de lanzar un micrófono en el jardín, etc. Tampoco de estas ventajas se van a privar los grandes medios informativos, radios, televisión y prensa no van a rechazar esta tecnología que les permite estar en primera línea de los acontecimientos y noticias.

Al ciudadano, dotados de las nuevas pantallas de grafeno que ocupan toda la pared del salón, o el holograma en medio de la sala, le gustará ver los incendios forestales como no los ha visto nunca, ver las catástrofes en primera línea, seguir el asalto a un banco y la intervención policial como si estuviera en ese lugar. Las guerras serán grabadas por los corresponsales sin necesidad de arriesgar tanto sus vidas. Toda una serie de hechos que tienen sus ventajas y sus inconvenientes, situaciones que la ley tiene que regular, ya que ¿Hasta qué punto se entorpece la acción policial transmitiendo en directo un asalto de los GEOS o una operación especial de persecución por carreteras o bosques? No cabe duda que se precisarán nuevas leyes que regulen la utilización de los drones.

La invasión de los drones va a requerir nuevas normas que rijan el espacio de estas nuevas tecnologías, desde pasillos aéreos hasta normas éticas de observación de la intimidad humana. Se tendrá que reorganizar el espacio aéreo invadido por esta nube de robots voladores. Habrá que crear zonas prohibidas para su vuelo y delimitar alturas y pasillos para que no se produzcan choques. Crear sistemas anticolisión como el Traffic Collision Avoidance System (TCAS) que permite a los pilotos maniobrar ante una posible colisión. Los telepilotos necesitarán algún tipo de formación teórica para poder acreditar con documentación su competencia en el manejo de sus drones.

Los derechos de privacidad de la vida de los ciudadanos están cada vez más vulnerados. Difícilmente podemos transitar por una avenida sin que las cámaras de seguridad graben nuestra presencia. Los argumentos que se dieron para colocarlas fue la protección de los ciudadanos honestos ante los delincuentes comunes. Pero ahora, todo estamos vigilados.

¿Quién nos asegura que nuestras imágenes no van a ser utilizadas en el futuro? ¿Qué nos garantiza que un cambio de gobierno tiránico no va utilizar esa información para incriminarnos por nuestras posturas políticas o religiosas? ¿Acaso no han utilizado nuestras tendencias informativas de Facebook para construir un perfil de cada uno que ha permitido personalizar la publicidad?

EL LADO OSCURO DE LOS DRONES

Uno entra en un restaurante y decide antes de empezar a comer realizar una llamada telefónica por su móvil y descubre que no tiene cobertura. Extrañados preguntamos al camarero sobre este hecho, especialmente si hemos llamado en otra ocasión desde el mismo lugar. El camarero nos pide disculpas y nos confiesa que están comiendo en el fondo del mismo salón un político destacado y que sus guardaespaldas, dos de ellos sentados en otra mesa, llevan inhibidores de micrófonos que afectan a todos los móviles del local.

Cuando un alto cargo de un gobierno circula con su coche o medio de transporte aéreo, se toman toda una serie de medidas para inhibir el entorno de forma que ningún misil o drones puedan acceder con una carga letal. Son medidas de seguridad que funcionan desde hace mucho tiempo. Contramedidas electrónicas, inhibidores de frecuencia, neutralizadores, etc.

La mejor protección ante la amenaza de los drones es la creación de burbujas de seguridad anti-drones utilizando «nieblas de frecuencia» para cortar su contacto con el piloto.

Los drones se han convertido en un nuevo peligro al dominar una parte del entorno aéreo. Irremediablemente no tardaremos en sufrir un atentado en el que el vehículo utilizado sea uno de estos drones. En realidad esto ya ha sucedido. En 2012, un estudiante americano fue detenido en Boston por haber fomentado un ataque contra el Pentágono y el Capitolio con la ayuda de drones cargados de explosivos. Este no ha sido el único incidente, hubo otro dron que se acercó a un avión en el aeropuerto JFK de New York; también se han desmantelado varios proyectos terroristas en los que se iban a utilizar drones. Y se han producido accidentes infortunados de drones y encuentros en el aire con aviones y helicópteros que han estado a punto de producir un choque.

Los nuevos robots del cielo cambiarán nuestras vidas antes de cinco años igual que las cambió Internet. Igual que cambiarán nuestras vidas las gafas Google.

Drones: Preparando el despegue en España

En 2012 Francia reguló el uso civil de drones, hoy se calcula que este país tiene más de 700 empresas operando. En mayo de este año, el Ministerio de Fomento de España preparaba un borrador para un decreto que regulase el uso de los drones. Hasta ese momento había un vacío legal en la que sólo estaban bajo la legislación aeronáutica de la Organización de Aviación Civil Internacional (OACI).

La Comisión Europea estima que los drones acapararán el 10% del mercado aeronáutico en una década, con un volumen de negocio de 15.000 millones de euros al año.

Es evidente que hay que regular su espacio aéreo y clasificar estos aparatos por categorías, así como sus actividades de visualización desde el cielo. Todo parece indicar que no podrán sobrepasar los 15 metros de altura salvo determinadas operaciones. También se darán permisos para las diferentes funciones que realicen: fumigación, reportajes fotográficos, actividades de agricultura, extinción de incendios, inspección de líneas de alta tensión, gaseoductos y líneas ferroviarias, vigilancia de fronteras, operaciones policiales, etc.

El primer dron que obtuvo el certificado de aeronavegabilidad, el FT-ALTEA, otorgado por la Agencia Estatal de Seguridad Aérea (AESA) pertenecía a Flightech, una de las tres empresas que ya operan en España. Fabrica drones muy ligeros capaces de despegar y aterrizar en espacios muy reducidos.

También habrá que formar a los telepilotos con una autorización de la Asociación Española de sistemas de vuelo pilotados de forma remota (AERPAS).

El futuro de los drones en España también está garantizado con un mercado de 1.000 empresas y unos 20.000 telepilotos.

Militarmente los drones también son aparatos rentables. Tienen un bajo coste, alrededor de 12 millones de dólares frente a los 120 millones de dólares de un F-22, además no precisan entrenar a un piloto de caza. En la actualidad su uso se va popularizando, hasta el punto que más de 80 países ya los tienen. Los drones se han convertido en una parte importante de la guerra moderna.

Aunque parezca insólito el primer exportador de drones del mundo no es Estados Unidos, Rusia, Inglaterra o Francia, sino Israel a través de Israel Aerospace Industries, una empresa estatal. Uno de los países que en el futuro piensa desarrollar un gran ejército de drones es la India. Europa ha creado un consorcio en el que está desarrollando un dron armado, el Dassault Neurona, ya adoptado como arma de combate por Francia. En cuanto a Rusia tiene su propia fabricación de drones armados que son operativos desde primeros del 2014. China tiene operativos, desde 2012, los drones armados CH-4 y Yilong, lo que ha provocado que Taiwán inicie el desarrollo de sus propios drones. Finalmente Irán ha construido un dron capaz de llegar a Tel Aviv, del que según anuncio fuentes militares iraníes, es capaz de transportar hasta ocho misiles.

Micro-robótica

Entra volando en su casa un grueso abejorro y usted decide eliminarlo con el prehistórico matamoscas de pala. El hábil abejorro lo esquiva una y otra vez, hasta que tras una lucha agotadora consigue golpearlo y lanzarlo sobre una mesa, sólo entonces descubre que se trata de un microrobot.

La tecnología microbótica es un área de rápido crecimiento, un área en la que están interesados todos los Departamento de Defensa del mundo. Estos microrobots pueden ser eficaces contra plagas, en accidentes en lugares de difícil acceso, pero también espías y armas letales.

En el laboratorio General Robotics, Automation, Sensing and Perception (GRASP) de la Universidad de Pennsylvania, matemáticos, informáticos e ingenieros están trabajando para crear estos robots complejos y sus sistemas operativos, se ha conseguido que quadrotores autónomos sean controlados por algoritmos, en lugar de ser dirigidos por los seres humanos como los drones militares y comerciales de uso común hoy en día.

Algunos de estos quadrotores son grandes como un plato, otros como el Colibrí pueden despegar de la palma de la mano y ser controlado con precisión gracias a un sistema GRASP superior al GPS. Otro modelo, el Pe-

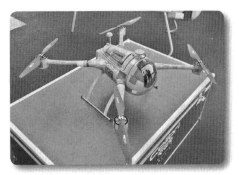

Imagen del dron Colibrí.

lícano, está equipado con brazos de siete pulgadas de largo y un escáner láser y cámara. Puede, al mismo tiempo que vuela realizar mapas 3D, identificando características como puertas, las personas y los muebles, la estimación de su posición respecto a estas características cien veces por segundo, y navegar por ellos.

Con estas capacidades, los microrobots pueden volar en pequeños espacios oscuros, inaccesibles o peligrosos para los seres humanos, tales como los edificios derrumbados o edificios con materiales peligrosos o radiactivos. También puede servir a la policía en una situación peligrosa con rehenes.

Lamentablemente la mayor parte de la financiación para la investigación microrobots proviene del Departamento de Defensa, donde se estudia la posibilidad de trabajar en equipo con soldados. Pueden identificar heridos, localizar amenazas y guiar a los soldados por zonas seguras. Imagino que pronto podrán transportar pequeños pero potentes explosivos, convirtiéndose de preventivos en ofensivos. Muchos especialistas luchan para que estos ingenios no sean utilizados militarmente, solo para ayudas humanitarias. Peter Singer director del Centro Brooking para la Seguridad y la Inteligencia del Siglo XXI, piensa que es una ingenuidad el pensar que no se utilizarán con fines militares. Es evidente que, aunque se marquen normas, siempre habrá un país dispuesto a saltárselas, de igual manera como se ha realizado con la guerra química. Tal y como se buscan víctimas en un terremoto, pueden buscar insurgentes en cualquier sitio. Pueden entregar medicamentos, pero también accesorios militares o armas biológicas. Así que los quadrotores pueden enmarcarse en la lista de los robots asesinos de los que hablaremos en otro capítulo. Por otra parte si derriban el enemigo un quadrotor no es lo mismo que derribar un Black Hawk.

Todos sospechan que los asesinatos selectivos han sido realizados con la ayuda de microrobots aéreos. Especialmente en Israel donde estas armas están muy avanzadas. Sucede que tarde o temprano alguien les venderá a los insurrectos este tipo de artefactos... a partir de ese momento ningún presidente, ministro o senador estarán seguros.

Cuando el hombre primitivo vio que el fuego se podía transportar en antorchas, descubrió sus grandes ventajas. Podía penetrar en el interior de cuevas iluminándolas, pero también descubrió que aquellas antorchas eran unas excelentes armas para disuadir el ataque de osos y enemigos de otros grupos.

Toda tecnología que podamos pensar se puede utilizar de forma que haga el bien y de forma que haga el mal. La energía atómica nos ha permitido disponer de energía, pero también de terribles bombas capaces de fulminar una ciudad entera. Ahora la robótica ofrece sus ventajas pero también sus peligros, pero su mala aplicación no es culpa de los investigadores ni de los robots, sino de las mentes malvadas.

Robots en el espacio: los mineros de hierro

La conquista del espacio va a requerir la utilización de los robots en las largas travesías, en la minería espacial y en la colonización de planetas. Los robots pueden resistir mejor que los humanos las duras condiciones del espacio, la radiación, el frío y el calor. Algunos científicos ven la necesidad de enviar los robots a Marte antes de enviar a seres humanos, ya que los robots serán los encargados de construir los habitas. En lo que respeta a la minería, siempre será mejor tener a un robot perforando y extrayendo minerales de un asteroide que a un astronauta enfundado en un complejo traje espacial. En cuanto a las misiones lejanas serán los robots los responsables de vigilar las naves mientras los seres humanos permanecen en estados criogénicos.

Hasta ahora la minería espacial era cosa de ciencia ficción, pero los proyectos actuales apuntan a aprovechar los recursos que nos ofrecen los otros cuerpos del espacio, especialmente los asteroides. Estos cuerpos han revelado a través de análisis espectroscópicos la presencia de platino y minerales críticos como el grafeno.

La minería espacial está en manos de las empresas privadas, empresas que se preparan para este asalto y que incluso construyen sus propios cohetes espaciales, como Space X con su vehículo de acoplamiento a la ISS, el Dragón.

Es evidente que los recursos de la Tierra se irán agotando y tal vez, tan sólo, dentro de 100 años necesitaremos lanzarnos desesperadamente a buscarlos fuera, especialmente aquellos minerales que están en la lista de los críticos.

Stephen Hawking es uno de los científicos que apoya la conquista del espacio y nuestra difusión por otros planetas y otras estrellas. Destaca Hawwking: «No creo que la raza humana vaya a sobrevivir los próximos mil años, a menos que nos difundamos en el espacio. Existen demasiados accidentes que pueden ocurrir en la Tierra, estar en un solo planeta es un riesgo. Soy optimista y vamos a llegar a las estrellas».

La industria minero-espacial es un reto complicado, un esfuerzo grandioso que precisa una gran financiación, pero que al mismo tiempo nos va a aportar grandes descubrimientos en la ciencia. No sólo es lo que nos vamos a encontrar allí arriba, sino los complejos problemas de la construcción de naves para las misiones, los robots necesarios y el desarrollo de una medicina espacial que no sólo tendrá sus aplicaciones en el espacio, sino también la Tierra.

China parece centrar sus esfuerzos en colonizar la Luna en los próximos años, y Estados Unidos tiende a objetivos más ambiciosos como la colonización de Marte. Empresas americanas se han lanzado a conseguir asentamientos humanos permanentes en Marte alrededor del 2025, dentro de once años.

Mars One es una de las empresas que quiere conquistar el Planeta Rojo. Sabe que precisará no sólo las naves, sino los robots adecuados para dar ese paso. Lo que parece que le sobran son los candidatos a astronautas voluntarios.

Los astronautas voluntarios para colonizar Marte, saben que será un viaje de ida, que no habrá regreso y que sus mejores y más seguros compañeros en la misión serán los robots. Pese a este panorama que para muchos puede ser desolador, se han presentado 200.000 personas para ser seleccionadas. De todos estos voluntarios se seleccionó a 1.058 y finalmente, parece, que quedaron entre 24 y 40.

Lockheed Martin y Surrey Satellite Technology Ltd ya están trabajando con Mars One para desarrollar un sistema de aterrizaje robótico y un satélite de enlace de datos. Piensan realizar una misión de exploración, no tripulada, a Marte en el 2018, y parece que la robótica será la principal protagonista.

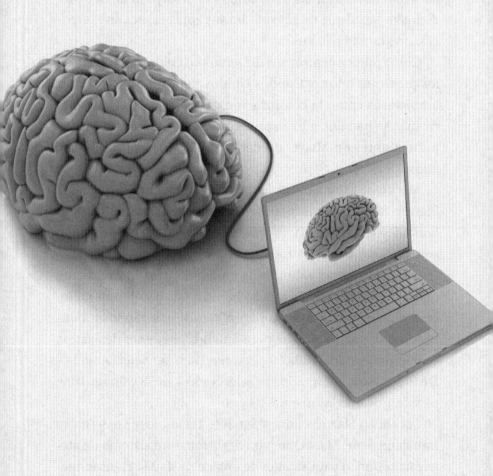

CAPÍTULO 8

LA NEUROREVOLUCIÓN BRAIN INTERFACE COMPUTER

«Las aplicaciones de los sistemas BIC, no se limitan a el mercado de la diversión sino, también a la educación y la medicina. Nos encontramos en los primeros pasos de una neurorevolución.»

ZACK LINCH, FUNDADOR DE NEUROTECHNOLOGY INDUSTRY ORGANIZATION

«Pilotar un juego con un mando cerebral puede parecer mágico a muchos.»

ANATOLE LÉCUYER (HUBRID, PROYECTO OPEN-VIBE 2)

Neurogames

No son sólo tecnologías para jugar, sino instrumentos que permiten la comunicación entre paciente y médico cuando, el primero, está paralizado. Hoy los representantes farmacéuticos que visitan a los médicos, son técnicos especializados en BIC (Brain Interface Computer). No ofrecen a los facultativos nuevos fármacos, sino una nueva tecnología que permite una comunicación entre un enfermo con síndrome de parálisis generalizada, que no pueden mover ni un músculo, con su médico a través de las ondas cerebrales.

El principio de un disco volador, o quadrotor dirigido con la mente es sencillo. Sabemos que las neuronas del cerebro emiten ondas eléctricas que varían en función de los diferentes estados mentales que tiene el ser humano. Un hecho que se puede comprobar por medio de un EEG (electroencefalograma). En este caso concreto las ondas del cerebro son detectadas por un casco con electrodos y, seguidamente, tratadas por un programa informático que las traduce en órdenes por un computador.

Algunos de estos sistemas se adaptan a los ritmos cerebrales, otros varían el vuelo de los discos voladores al modificarse el estado emocional en función de las técnicas de *neurofeedback*.

Los cascos son elementos esenciales, en juegos y medicina, y su coste variará en relación con el número de electrodos que lleven incorporados. Un casco EGG como los que usamos en las piscinas públicas puede albergar 256 electrodos que aseguran una medida correcta de la actividad eléctrica del cerebro. Son electrodos de contacto, lejos de las viejas técnicas invasivas, y su coste dependerá del número de electrodos incorporados. En cualquier caso irá de 300 a 100.000 euros. Si uno no quiere gastar mucho en un casco, yo le recomiendo el que está dotado de 14 electrodos, que es la cantidad estándar establecida por la comunidad médica para permitir una lectura mínima de los EEG.

No cabe duda que a mayor número de electrodos mayor información eléctrica cerebral y mayor dominio de un disco volador con el pensamiento. Todo depende de la utilidad que le demos al casco.

Un casco con un electrodo colocado en la frente.

La diversidad de juegos y empresas que han aparecido en este sector es impresionante. Todo lleva a pensar que estamos en una neurorevolución, un nuevo paso en los juegos populares, las consolas serán sustituidas por aquellos juegos en que competiremos sin necesidad de utilizar nuestras manos.

Podemos hacer volar un disco o manejar una pantalla con un vídeojuego, en ocasiones con un solo electrodo colocado en la frente, del tipo NeuroSky para el juego Puzzle box Orbit. Los neurodiscos voladores son fabricados por NeuroSky. Otros juegos, Trow Trucks With Your Mind, permiten a varios jugadores competir en derribar bloques o enemigos que se aproximan.

Con el ordenador el cerebro depende, en algunos juegos de su estado mental. Por ejemplo, en Spirit Mountain d´Emotiv, el jugador se mueve en un espacio virtual que se modifica en función de su estado mental. El casco EEG mide la actividad del electroencefalograma, pero también los movimientos de los ojos, la cabeza, la actividad eléctrica muscular y las expresiones faciales, señales que son traducidas y convertidas en órdenes.

Toda esta tecnología no se ha detenido en estos logros maravillosos que ha obtenido. Se sigue investigando. En la sociedad californiana Advanced Brain Monitoring, se investiga en un reconocimiento cerebral de la empatía, así como los gestos involuntarios y casi imperceptibles que delatan el malestar de una persona y sus emociones. Una serie de datos que serán de gran utilidad para los psicólogos del futuro, o debemos decir los psicotecnólogos del futuro.

Igual que la utilización de los pulgares en el envío de mensajes por *smartphone* activa una parte del cerebro frontal, la activación mental de discos voladores puede tener incidencia en otras partes del cerebro. Por ahora nos comunicamos con máquinas, pero mañana puede ser de persona a persona, ayudados por una información que nos aportará el grado de empatía que tenemos con aquel ser, pero que también nos delatará sus emociones. Muchos neurocientíficos lo han sentenciado: mañana sabremos leer en otros cerebros.

La delatadora onda P300 para leer la mente humana

No se trata de un gadget que podamos adquirir todos, se trata una sofisticada máquina que se utiliza en investigación y en la justicia de muchos países. Es el test de la verdad o Potencial Evocado Cognitivo. En neurofisiología se utiliza para tratar a personas que padecen disfunciones, en la justicia para saber si un sospechoso dice la verdad. Se trata de un primer paso para leer la mente humana, al margen de la tomografía de positrones (PET), la electroencefalografía (EEC), la magneto encefalografía (MEG), la resonancia magnética funcional (fMRI) y el escáner cerebral, procedimientos que nos dan neuroimágenes de las partes que se iluminan en nuestro cerebro a causa de una emoción no controlada.

Hasta ahora las pruebas más valiosas para verificar si un sospechoso había estado en el escenario de los hechos, han sido las de las huellas digitales. Pronto los delincuentes aprendieron a utilizar guantes con los que no dejaban aquellas delatadoras marcas. Pero surgió un nuevo delator, el ADN. Una sola gota de sudor, un cabello, semen o sangre se convertían en infalibles pruebas a través del ADN, esas cadenas genéticas que todos tenemos diferentes. Los delincuentes han aprendido a borrar o limpiar estas pruebas del escenario del crimen utilizando un simple spray, pero ahora se enfrentan al test de las ondas P300.

La máquina de la verdad interpreta las ondas cerebrales de los sujetos que sirven para demostrar ciertas relaciones con lo que el interrogador le evoca. Lo que se observa con este procedimiento es la longitud de onda que genera la respuesta del interrogado, y mientras más alta es la curva, más significativa es la información.

Para obtener datos generados por estas ondas se coloca al sujeto un gorro con electrodos en la cabeza, un gorro del que surgen unos cables que van transmitiendo en una pantalla las ondas cerebrales. Estas son las ondas P300, ondas delatoras en las que, cuanto más altas son sus curvas, más fiables son los datos. Sin embargo, los resultados de esta máquina de la verdad suscitan muchas dudas entre los psicólogos, ya que cabe la posibilidad de falsear voluntariamente los resultados, depende del dominio que el sujeto tenga de sus emociones y su cerebro. Un psicópata como Hannibal Lecter de *El silencio de los corderos*, podría pasar esta prueba sin mostrar la más mínima alteración. En cualquier caso se ha convertido en un instrumento más para tratar de leer la mente humana.

La ironía no está hecha para las máquinas serias

¿Qué sucedería si le respondemos a un robot?: «¡Ahueca el ala y no me vengas con cuentos chinos!». Posiblemente, si no tiene incorporada esta frase en su programa, le crearemos un cortocircuito o una actitud de indecisión.

Cuando he hablado del test de Turing ya he explicado que una de las problemáticas más importantes que hay en la comunicación mente-ordenador es el lenguaje. No los idiomas, sino esas dobles interpretaciones que tienen las palabras y, lo peor, las ironías, sarcasmos, sátiras, etc.

Los neurocientíficos emplean tecnologías de última generación para explorar y conocer el cerebro, pese a estos avances se enfrentan al hecho que deben sacar conclusiones a partir de datos parciales, como la intensidad del riego sanguíneo en una zona del cerebro, los impulsos eléctricos o la rapidez en las respuestas de las personas que participan en los experimentos, las partes que se iluminan en los tratamientos de neuroimagen, etc. Se mide la actividad del cerebro, pero no se sabe exactamente qué está haciendo.

Queda el problema de la ambigüedad de las palabras, un problema más complejo de lo que nos podemos imaginar si estamos dando órdenes concretas a un ordenador o a un robot del que depende la vida de otras personas. Blair Armstrong del Basque Center on Cognition, Brain and Language (BCBL), ha propuesto una nueva aproximación a este problema. Una aproximación que requiere la participación de la psicología, la neurociencia y la computación. Armstrong lo llama «ciencia computacional cognitiva».

La realidad es que tenemos un cerebro muy bueno y rápido en procesar el significado general de una palabra, pero necesita mucho más tiempo para resolver su significado específico, y los humanos somos una calamidad con el lenguaje y sus distintas interpretaciones.

Entre otras aplicaciones, la ciencia computacional cognitiva ha creado una web semántica en la que los buscadores serán más capaces de entender los equívocos, dobles sentidos e ironías de la manera natural de comunicación entre humanos.

Una palabra mal interpretada, en la comunicación mente-máquina, puede convertirse en una catástrofe. Una ambigüedad puede significar que el ordenador se bloquee al no poder interpretar el mensaje. Un astronauta que se encuentra junto a un robot y decide pedirle una herramienta, puede encontrarse que le solicite el «pico» al robot, y este dude entre entregarle la herramienta o irse a buscar el pico de la cima más próxima o el pico de un ave. Evidentemente parece una tontería, pero a la máquina se le debe especificar muy concretamente el significado de las cosas.

Para los humanos la ambigüedad y el juego de palabras, así como las ironías, pueden significar una señal de inteligencia y habilidad del cerebro humano. Pero una máquina precisa un lenguaje preciso. Y, en los lenguajes, existe una riqueza enorme de significados para una sola palabra. Un ser humano sabe distinguir la diferencia de la palabra «banco» cuando se aplica a una identidad bancaria o un banco de peces, o un banco para sentarse. Un robot tiene dificultades en distinguir la diferencia.

UNA PIEL ELECTRÓNICA PARA CONTROLAR A LOS ENFERMOS

En la actualidad cualquier enfermo o accidentado que es ingresado en un hospital, tras estabilizarlo e intervenirlo quirúrgicamente si es necesario, es monitorizado. Médicos y enfermeras o enfermeros controlan los monitores que tiene instalados junto a su cama. Pero en muchos hospitales dichas terminales están ubicadas en un centro de control a los que hoy se añade el seguimiento que realiza el parche *filmike.*

Los parches *filmike,* conocidos popularmente entre los profesionales como piel electrónica o tiritas mágicas, permiten realizar un seguimiento de los enfermos a través de un enlace chip-computadora. Son parches que contienen circuitos electrónicos, muy delgados, sensores y otros componentes. Se aplican sobre la piel de una forma provisional y permiten una monitorización del enfermo y su salud.

Si el parche se aplica sobre la frente, se puede leer la actividad eléctrica y proporcionar datos electroencefalográficos. También pueden aplicarse cerca de una incisión quirúrgica o una herida, donde detectarán los cambios de temperatura característicos de los signos de inflamación e infección.

Los parches integran un acelerómetro que recopila datos diarios del cuerpo en movimiento. Los datos suministrados por el *filmike* facilitan el control de los medicamentos y su actuación en las diferentes horas del día, algo que es, en muchos casos, determinante para diagnosticar la dosis correcta.

Hasta ahora hablamos de parches de aplicación no invasiva, pero también se pueden aplicar quirúrgicamente, envolviendo el corazón para vigilar la actividad cardiaca o funcionar como un marcapasos de bajo consumo, o como los desfibriladores que se implantan. Pero estas aplicaciones son todavía posibilidades. Por ahora el filmike se coloca sobre la frente o en el control de heridas.

Los robots ayudantes y las conexiones electrónicas con computadoras podrán tener más controlado a un enfermo segundo a segundo. Ahora se trata de mentalizar al hospitalizado de que, pese a la escasez de presencia humana no está abandonado y existe un mayor control de su estado que cuando estaba rodeado de enfermeras. El único problema es el precio elevado del parche, lo que hace de él una aplicación no accesible en todos los hospitales del mundo.

YA ESTAMOS EN EL MUNDO DE LA CONEXIÓN BIC

Los dispositivos BIC, Interfaz cerebro-ordenador, están al alcance de todos, y dependiendo del número de sensores se puede tener acceso a las ondas cerebrales de alta calidad. Los casquetes cerebrales pueden encontrarse en las tiendas especializadas sin ningún problema. Ya hemos explicado que muchos juegos precisan estos cascos que a través de un módulo adecuado recibe y registra la salida de datos del casquete cerebral. También ofrece los estímulos ambientales, estado de ánimo, etc.

El interfaz cerebro-ordenador está representando una gran ayuda para las personas discapacitadas. Si se puede manejar un cuadracóptero con la mente, también caben otras posibilidades. Por otra parte estos interfaz no son invasivos lo que significa que no es necesario realizar implantes.

Se sabe que cuando pensamos en un movimiento específico, las neuronas de la corteza del cerebro producen diminutas señales eléctricas que gracias a los 64 electrodos colocados en la cabeza son enviadas a un ordenador, la computadora procesa esas señales y envía instrucciones a través de un sistema Wi-Fi que dirige, por ejemplo, el cuadricóptero. Pero también se pueden encender luces u otras tareas diarias.

Sus aplicaciones son infinitas, veamos un ejemplo con uno de los trabajos más estresante del mundo: el controlador de tránsito aéreo. Dotados con gorros que llevan incorporados estos sensores, una sobrecarga mental puede ser advertida y el controlador ser sustituido por otro menos cansado y estresado. Las investigaciones realizadas en determinadas partes del cerebro permiten leer su actividad y determinar si el usuario del casco está cansado o aburrido. No cabe duda que estos cascos permitirán en el futuro comunicarse con los ordenadores a través del pensamiento en lugar de los clics del ratón.

Una técnica para analizar y actuar sobre la actividad cerebral es la llamada espectroscopia de infrarrojo. Consistente en una fila de pequeñas luces rojas incrustadas en una especie de diadema que envía ondas de luz a través del cráneo, preferentemente en la corteza prefrontal del cerebro.

Un ordenador conectado a la cinta no puede leer literalmente la mente del usuario, pero se puede medir el nivel de esfuerzo mental de la persona, midiendo la cantidad de luz absorbida por el cerebro. Cada cerebro es diferente, por lo que se requiere una prueba en cada individuo para determinar el punto en el que el rendimiento comienza a surtir efecto.

En su forma actual, la cinta no produce ninguna molestia y necesita sólo bajos niveles de luz para ser eficaz. El uso no es como exponer el cerebro a una tomografía computarizada prolongada, que podría ser peligroso. Digamos que el nivel de la luz que se envía es comparable al nivel de luz que un cerebro estaría expuesto en un día soleado. Por ahora la cinta ha sido probada sólo en el laboratorio de forma experimental.

La mano, una extremidad de cientos de millones de años

Uno de los campos que más están avanzando es el relacionado con los exoesqueletos manejados a través de sensores instalados en el cerebro. Se han desarrollado exoesqueletos que permiten andar a parapléjicos y manos que permiten agarrar y tener sensibilidad del calor. La empresa Braingate implantó sensores en el cerebro que permitieron a una mujer con tetraplejia usar sus pensamientos para manejar un brazo robot. La perfección de movimiento fue un éxito, ya que le permitía agarrar una taza de café y beber.

La mano humana es el órgano principal para la manipulación física del medio que nos rodea, y en esa manipulación no tiene rival. Fue la mano la que en el proceso de evolución representó un papel importante que se materializó en el desarrollo del cerebro.

La mano es la parte del cuerpo humano que tiene mayor representación en el cerebro, en el que un buen número de neuronas, más que para otras funciones, están consagradas a mover este órgano. Con la mano elaboramos obras de arte, desde las primeras pinturas en las cuevas del neolítico hasta las modernistas pinturas del MOMA de New York; hemos construido las primeras herramientas y hemos extraído bellas melodías de los instrumentos musicales que hemos creado, hemos gravado los primeros signos que impulsaron la escritura y que hoy tecleamos en nuestro PC.

Esta extremidad se convierte en una de las partes más complejas de intervenir quirúrgicamente dada la cantidad de terminaciones nerviosas que llegan a los dedos, cuyas yemas táctiles poseen una gran sensibilidad. Existen nervios, como el cubital, que se prolongan hasta el hombro. Complejos tendones y abundantes venas que configuran, sostenidos por 27 huesos, los cinco dedos prensiles de los que cuatro de ellos rotan 45°, y un pulgar, importantísimo, es capaz de rotar 90° perpendicularmente a la palma de la mano.

La mano es el miembro más difícil de crear en los robots y conseguir que abra puertas, clave clavos o enhebre una aguja. Poco a poco la robótica ha conseguido imitar la movilidad de los dedos igual que una mano real, incluso se han conseguido dedos capaces de tener sensibilidad. Se ha dotado a esas imitaciones de una fuerza para sostener 4 kilogramos, peso que se piensa superar en un futuro. Todos estos adelantos se han conseguido a base de instalar 20 articulaciones, 24 motores, 40 músculos neumáticos y 49 receptores táctiles.

Estas tecnologías han permitido que las manos robóticas

tengan la sensibilidad de coger un vaso sin romperlo apretando y sin que sea tan débil la sujeción que se caiga al suelo. Pero no han conseguido superar a la mano humana con una movilidad de 23° de libertad, una velocidad que le permite cerrar los dedos a 80 cm/s, en las yemas de los dedos una sensibilidad a un relieve de 2 mm, una palma adaptable a todas las formas, una anatomía con 29 articulaciones, 39 músculos, 48 nervios y 2500 receptores táctiles, toda una serie de ventajas que le permiten sostener hasta 40 kg de peso.

Cada fabricante de manos ortopédicas ha conseguido sus avances personales. Shadow, ha instalado en los dedos de silicona de las manos captadoras, BioTac de Syntouch, sensores capaces de determinar, con más precisión que un ser humano, la temperatura de un objeto. La sociedad Percipio Robotics puede con su mano, Piezo Gripper, coger con gran precisión objetos de un espesor de 0,005 mm, el tamaño de un glóbulo rojo. La mano más rápida, Ultrafast Hand del laboratorio Ishikawa Watanabe

La mano ultrarápida: Ultrafast Hand

(Universidad de Tokio) desplaza sus tres únicos dedos a una velocidad cinco veces superior a la humana. La empresa británica Schilling Robotics ha desarrollado una mano de cuatro dedos (RigMaster) que puede transportar pesos de 270 kg.

Si algo es importante en los exoesqueletos, es sobre todo la mano. Así no nos debe extrañar que un gran número de laboratorios se centren en desarrollar este órgano con la máxima precisión. Como dicen los bioingenieros: «... en pocos años conseguiremos manos robóticas que a la evolución le han costado desarrollar cientos de millones de años».

LOS EXOESQUELETOS. LA CIENCIA DE LA NEUROPROTÉSICA O NEUROROBÓTICA

El neurocientífico de la Universidad de Duke Miguel Nicolelis trabaja en el campo de las interface cerebro-máquina. Experimentando con monos, ha conseguido que un mono de cinco kilos situado en Carolina del Norte controlase con el pensamiento los movimientos de un robot que estaba en Japón. Es uno de esos espectáculos, o demos como dirían en Silicon Valley, que les gusta realizar a los investigadores. Espectáculo como el que organizó el doctor Delgado deteniendo a un toro que le embestía cuando activó un chip que llevaba colocado el cornudo en la cabeza. Miguel Nicolelis intentó que en la apertura de la Copa Mundial de la Fifa 2014, un tetrapléjico se levantase de su silla de ruedas, caminase diez pasos y chutará la pelota. Pese a conseguirlo en el laboratorio, a la hora de la verdad algo falló en el interfaz cerebro-máquina. Dicen que la emoción del momento impidió al sujeto dar mentalmente las instrucciones adecuadas al exoesqueleto.

El exoesqueleto ReWalk

Pese a estos problemas iniciales en el mes de junio 2014 se homologó y aprobó el primer exoesqueleto monitorizado para personas con parálisis de la parte inferior del cuerpo, parapléjicos que están afectados por una lesión de médula espinal. Se trata de un exoesqueleto de la empresa ReWalk.

Los exoesqueletos están destinados a la rehabilitación de personas parapléjicas. En Europa los primeros avances en este campo se realizaron en la Escuela Politécnica Federal de Lausana (EPFL) en Suiza, uno de los mejores centros en este campo. En la EPFL crearon un programa que conectaba el cerebro a computadoras, para manejar las máquinas con el pensamiento. Un sencillo casco con electrodos es capaz de captar las órdenes del cerebro, e interpretarlas en un software, trasmitiendo comandos capaces de operar con diversos aparatos.

Podemos pensar «derecha» o «izquierda» y conseguir que una silla de ruedas obedezca. Se trata de conectar la inteligencia de las máquinas con la de los humanos. Un procedimiento que, además, se revela como muy práctico para los reducidos espacios en que se mueven los astronautas en la ISS, y que puede operar perfectamente en estados de ingravidez.

En España se ha desarrollado el programa Hyper, que va más allá del programa Rewalk, ya que trabaja con un exoesqueleto para el miembro superior y otro para el inferior. Un proyecto que combina cuatro tecnologías: el exoesqueleto; la estimulación eléctrica de los músculos; el interfaz cerebro computadora (BIC) y la realidad virtual.

Cuando el paciente piensa: «quiero caminar», la intención es detectada y codificada en una señal eléctrica que se envía a un ordenador, que a su vez manda la orden de inicio de marcha del

Por tanto ya se está trabajando en dispositivos que detectan, mediante microchips en el cerebro, la intención de moverse y, a través de estas emisiones hacer que el exoesqueleto actue.

Otro de los grandes avances se ha producido en el brazo DEKA, que está dirigido para ayudar a aquellos que están usando las prótesis musculares con motor; proporcionándoles un brazo que es menos agotador de usar. Está diseñado para las personas que han sufrido la pérdida de extremidades, a la altura de la articulación del hombro, medio-superior del brazo, o en el brazo a medio inferior. El brazo DEKA utiliza las señales eléctricas de los músculos recogidos por electromiograma (EMG,) electrodos para controlar el brazo. Sepamos que el brazo DEKA ha sido fabricado por DEKaIntegratedSolutions de Manchester, New Hampshire, bajo un programa militar de Prótesis de DARPA, Institución del Departamento de Defensa de la que hablaremos en el capítulo 11.

En Inglaterra se ha conseguido coser los nervios de la espalda a los músculos pectorales, una técnica que permite captar hasta seis señales emitidas por las diferentes contracciones musculares. Un avance frente a una única señal que aprovechaban las prótesis actuales.

Este procedimiento ha permitido obtener movimientos en un brazo mecánico a través del pensamiento. Movimientos simultáneos como la rotación del puño, cerrar la mano y levantar el brazo. Para ello seis electrodos son colocados sobre los músculos pectorales y transmiten seis señales a una unidad central de cálculo que los transcribe en movimientos para el brazo articulado.

La tecnología cerebro-interface avanza cada día más rápidamente. Los implantes cerebrales están aportando la información necesaria que permitirá restaurar la visión a los ciegos y otros sentidos. También se están produciendo grandes progresos en la biotecnología (Biotech).

Sistemas de conexión

Existen diversos caminos para realizar estos interfaces cerebro máquina. Por ejemplo en el sistema BrainGate —desarrollado por investigadores de la Universidad Brown, de la Universidad de Stanford, Hospital General de Massachusetts y el Centro Médico VA de la Providencia—, se implanta electrodos en la región del cerebro que controla los movimientos del brazo y se registran las pequeñas señales eléctricas de las neuronas para ser amplificadas y descodifican con el fin de controlar un brazo robótico.

En este sistema las prótesis requieren un cable que se enchufa en el implante a través de un conector en el cráneo. Se ha comprobado que es un sistema engorroso que no funciona bien toda la vida. Se buscó una manera de comunicarse con el cerebro de forma inalámbrica. Para ello se están desarrollando sensores microscópicos —conocido como el polvo de los nervios— que podrían registrar las señales eléctricas de las neuronas. El sistema de polvo neural sería utilizar el ultrasonido para proporcionar energía y comunicación a las partículas de «polvo».

Tal sistema podría permitir a los científicos registrar las señales de miles de neuronas a la vez, pintando un cuadro más completo de la actividad cerebral. La investigación del cerebro también va encaminada a solucionar problemas de ceguera y audición.

Se está trabajando en el desarrollo de implantes biomédicos que pueden tomar la información de fuera —o que la gente normalmente percibe a través de sus ojos y oídos— y colocarla en el cerebro. Se trata de hacer cíborgs con una mayor visión y audición. La verdad es que se han realizado grandes progresos en el desarrollo de estas llamadas neuroprótesis, que incluyen implantes cocleares para restaurar la audición en las personas sordas y los ojos biónicos para reconstruir la visión a los ciegos.

En la Facultad de Medicina Weill de la Universidad Cornell, se está trabajando en el desarrollo de retinas artificiales para el tratamiento de la ceguera. Se conoce que cuando la luz entra en los ojos y golpea las células fotoreceptoras en la retina, la información que lleva se convierte por estas células en impulsos eléctricos que luego se llevan al cerebro. Pero cada imagen tiene un patrón, y como tal, los impulsos eléctricos de la retina están en la forma de los patrones o códigos.

Tras haber descifrado los códigos neuronales de las células de la retina, se ha construido un pequeño chip que produce y envía al cerebro el mismo patrón eléctrico que la retina, sin pasar por las células de la retina dañada. Los investigadores están probando la técnica en primates antes de que sea utilizado en las personas.

THE MATRIX

Imagen de la película *The Matrix*

Todos recordamos con envidia a Neo, en *The Matrix* descargándose en su cerebro las habilidades de un maestro de Kung Fu, habilidades que luego le permitirán combatir como si lo hubiera estado haciendo toda la vida. De la misma manera Neo se podía descargar las instrucciones de vuelo de un helicóptero y manejarlo como el mejor piloto profesional. ¿Ciencia-ficción?

Sam Deadwyler, neurocientífico, cableó el cerebro de una rata y lo conectó con recuerdos derivados de treinta ratas, lo que le permitía al roedor acceder a la información y experiencia de sus congéneres en segundos. El procedimiento requiere centenares de experimentos de control, pero es un paso avanzado para emular a Neo en *The Matrix*.

¿Se imaginan poder estar conectado a los cerebros de los mejores científicos del mundo y, como las ratas del experimento de Deadwyler, acceder a los recuerdos de estos científicos adquiriendo sus conocimientos en segundos?

Deadwyler implantó en el cerebro de las ratas una pequeña serie de electrodos, colocados en la parte superior de la cabeza en dos lugares vecinos al hipocampo, una estructura que es crucial para la formación de los nuevos recuerdos tanto en ratas como en seres humanos. Los dos electrodos se conectaron con las partes denominadas CA1 y CA3, que se comunican entre sí y muestran cómo el cerebro aprende y almacena nuevas informaciones. Luego el dispositivo transmite estos intercambios a un ordenador.

Para probar el efecto del implante, los investigadores usaron un medicamento para apagar la actividad de CA1. Sin CA1 en línea, las ratas no recordaban cuál era la palanca que se les había enseñado que había de empujar para conseguir agua. Recordaban la regla—empuje la palanca opuesta de la que apareció por primera vez— pero no los que habían visto por primera vez.

Los investigadores, de haber grabado la señal adecuada de CA1, simplemente reproducían, como una melodía en el piano jugador —y los animales recordaban. El implante actuó como si se tratara de CA1, al menos para esta tarea.

En las ratas que no recibieron el fármaco, nuevos recuerdos se desvanecieron en un 40 por ciento después de un período largo de distracción.

Deadwyler cree que con la tecnología y la informática de chips inalámbricos, el sistema podría adaptarse fácilmente para el uso humano. Pero cuando hablamos de uno humano surgen problemas inesperados. Para realizar el experimento con cerebros humanos el implante debe, inicialmente, registrar una huella de la memoria antes de amplificarla; y en pacientes con problemas significativos de memoria, esas señales pueden ser demasiado débiles. Por otra parte nos encontramos que no estamos tratando con la memoria de una rata, sino con la de un ser humano con abundantes procesos cognitivos y nervios que involucran a otras áreas del cerebro.

Aún existen muchos problemas para superar. Mientras tanto se estudia la posibilidad de realizar una conexión no de cerebro a cerebro, sino de cerebro a computadora, y que en esta última se almacenen interesantes fuentes de datos que pudieran transferirse al cerebro humano. Esta información debería estar seleccionada de forma que no transmitiera «basura» innecesaria.

EL TAMAÑO IMPORTA

Cada día la gente joven está más sedienta de tecnología. Antes los jóvenes mostraban con orgullo las grandes torres de sus ordenadores, mientras más grande mejor, aunque la mitad estuviera vacía. Acudían a las competiciones de PC transportando aquellas torres de colores, llenas de pegatinas, y en cuyo interior sólo había un par de placas electrónicas impresas. Hoy en día el hardware es mucho más reducido pero su capacidad es mucho mayor. Hoy los ingenieros de sistemas y técnicos electrónicos presumen de sus mini–aparatos.

Si su dispositivo interactúa con el cuerpo humano mucho mejor. Están de moda los equipos miniaturizados y cada vez más potentes, más rápidos y más sofisticados. Gustan los *smartwatch* y las gafas Google. El consumidor busca una manera de acceder a todo lo que quiere saber. Por eso el próximo paso será el microchip implantado. Hay consumidores que no están dispuestos a ese grado invasivo, pero otros sí. Y ese grado de aceptación es en el que se basan los tecnólogos para lanzar al mercado la siguiente fase de conectividad, que llegará antes de cinco años. No importa que determinadas generaciones no acepten los chips, los fabricantes tienen todo el mercado de los jóvenes y los que acaban de nacer.

Los microchips implantados ofrecen comodidad, permiten las mismas funciones que un *smartphone*, pueden ser de gran ayuda en los discapacitados, ancianos, deportista en el control de sus funciones corporales. Con un microchip puedes comprar, identificarte, extraer dinero del banco, comunicarte, saber las constantes de tu cuerpo —presión sanguínea, colesterol, diabetes, funcionamiento del corazón, etc.— y estar en contacto con tu médico.

Los antichips implantados alegan que pueden convertirse en un control policial, político. Sistemas que pueden invadir tu intimidad. Aquellos que ven complots en todas partes advierten del peligro de control masificado que incluso llegue a intervenir en tu voto. ¿Quién nos asegura que este chip no lleva otro minichip incorporado que varía nuestro voto en las urnas electrónicas? Cualquier sospecha merece un férreo control de fabricación y unas garantías de que nuestra intimidad no será invadida, que esos chips no se convertirán en instrumentos para restringir las libertades y derechos humanos.

Cuando el Firefox de Clint Eastwood se hace realidad

Un pequeño chip de computadora integrado quirúrgicamente en el cerebro puede darnos superpoderes. Los científicos utilizan estos dispositivos para restaurar, en algunos casos la vista de algunas personas ciegas y la sordera.

El futuro son estas neuroprótesis implantadas. En la actualidad uno de los principales problemas son los riesgos que significa perforar el cráneo y colocar en un lugar exacto del cerebro un dispositivo electrónico. Pero estos riesgos se van minimizando con el paso de los meses y el avance de las tecnologías.

Los nuevos implantes nos permitirán proezas que, en algunos casos sólo las podía realizar Superman. Así, igual que en las películas del agente 007, podremos escuchar una conversación desde el otro lado de una habitación o en un lugar lleno de gente. Podremos ver en la oscuridad; recientemente DARPA presentó unas lentillas que permitían a los soldados ver en la oscuridad sin la necesidad de molestos artilugios enganchados al casco. También se ha creado la capacidad de convertir nuestro ojo en un zoom capaz de acercarnos las imágenes lejanas. Los chips pueden llevar incorporada una calculadora que permita al usuario calcular con mayor rapidez. Cabe la posibilidad de descargarse conocimientos de otras computadoras, como vocabularios de otros idiomas. Nuevamente es DARPA quien intenta utilizar estas neuroprótesis para curar la depresión y el estrés postraumático, así como controlar el cerebro y proporcionarle estimulación cuando lo necesite. Como veremos en el capítulo once, DARPA, no pierde la ocasión de encontrar aplicaciones militares.

En realidad estas intervenciones craneales ya se han realizado con sensores que controlan y manejan los brazos robóticos o neuroprotésicos. En algunos casos se obtienen buenos resultados con simple cascos dotados de un número determinados se sensores.

En 1982 Clint Eastwood, en la película *Firefox* pilotaba un avión soviético que se manejaba con el pensamiento. Los derrotistas del cine de ciencia-ficción calificaron el film de pura fantasía inalcanzable. Treinta y un año después, un piloto con un casco con sensores no invasivos, pilotaba un avión solamente dándole instrucciones mentales.

Este experimento tuvo lugar en Alemania, donde los investigadores no sólo demostraron que el vuelo controlado por el cerebro es ahora posible, sino que ese vuelo controlado por el cerebro es mucho más preciso de lo que se piensa. En el experimento tomaron parte siete pilotos, cada uno con diferentes niveles de experiencia de vuelo. Cada piloto llevaba cascos con sensores con cables conectados a la cabina de un simulador de vuelo. Estos cascos contenían electrodos que miden las ondas cerebrales usando EEG. Los pilotos sólo debían pensar en sus mandos de control para el despegue y para hacer ajustes en el aire, y para los procedimientos de aterrizaje. Un sofisticado algoritmo interpretaba sus ondas cerebrales que controlaban el avión simulado.

Los resultados de las pruebas fueron un éxito de precisión y reconocimiento por los controles de la cabina, ya que los pilotos lograron aterrizar sus aviones con sólo ligeras desviaciones, incluso en condiciones de poca visibilidad.

Este experimento nos lleva a la idea de utilizar las ondas cerebrales en el uso de patinetes, sillas de ruedas, drones, coches, etc.

Todos estos adelantos y cambios pueden trastornar la sociedad creando muchos problemas sociales. Por esto, algunas instituciones como la *think tank* del Instituto para el Futuro de Palo Alto, propone la creación de una Magna Cortical, una guía de normas éticas que prevea el aumento cognitivo de los ciudadanos y de los científicos. De estos últimos se sabe que utilizan determinados nootrópicos para mejorar su cerebro, así como modernas técnicas de estimulación cerebral transcraneal. El problema estriba en plantearse una forma de acomodar todo estos descubrimientos en nuestra sociedad. La tecnología mejora por una parte, pero también induce al abuso y daño por otro. La energía nuclear nos trajo las centrales nucleares pero también el peligro que entrañan y la creación de bombas atómicas.

Las nuevas tecnologías originarán nuevas técnicas de delincuencia, nuevos métodos de dopaje en el deporte y otros aspectos aún más criminales.

La implantación de chips debe ser algo regulado por acuerdos internacionales. Las personas tienen derecho al conocimiento, a modificarse neurotecnológicamente, pero también a rechazar esas modificaciones, y sobre todo saber quién los ha modificado y que garantías tienen de que funcione.

Tecnopsicología, Tecnopsiquiatría y Exopsicología

La psicología es una de las disciplinas que experimentará en el futuro grandes cambios en las terapias y en los métodos de profundizar en el cerebro de los pacientes. El diván del psiquiatra será, con toda seguridad, sustituido por un sillón con un casquete con sensores unidos a un ordenador. Esta será la versión más sencilla de la nueva tecnopsicología o tecnopsiquiatría. En los hospitales se utilizarán máquinas de tomografía de positrones (PET), electroencefalografía (EEG), magnetoencefalografía (MEG) y resonancia magnética funcional (fMRI). El psicólogo o el psiquiatra escuchando a su paciente serán raros y anticuados personajes de una disciplina residual.

Estos especialistas serán sustituidos por robots programados para realizar las preguntas concretas que se registrará en la computadora conjuntamente con los resultados que ofrezcan los cascos de sensores, PET, EEG, MEG,fMRI. Toda una tecnología que dejaría estupefactos a Freud y Jung quienes, ante este cambio tan radical del psicoanálisis tendrían que ser sometidos a alguna de las tecnoterapias.

En robótica y cibernética el aprendizaje profundo ha mostrado su gran potencial en la futura psicotecnología, utilizando como base un software que podría resolver los problemas existentes con las emociones, así como hechos descritos en la escritura o reconocer objetos en las fotos, y hacer predicciones sofisticadas acerca del probable comportamiento futuro de las personas.

Los próximos cinco o diez años van a significar un cambio espectacular en la vida, los conocimientos y las costumbres, y por tanto en nuestra psicología y comportamiento. No se trata de los preludios en el cambio hacia un nuevo paradigma, es la vida en el nuevo paradigma que el ciudadano medio no habrá podido escoger. Un mundo que se precipita como un huracán y del cual no hay forma de evitarlo.

Eso entraña que los conocimientos de algunas personas aumentarán espectacularmente, que las costumbres variarán, que los valores se transformarán, que las creencias cambiarán, y como consecuencia habrá quienes se adapten a este nuevo eslabón de la evolución, pero también los habrá que no lo resistirán y serán víctimas de nuevos y angustiosos trastornos psicológicos.

Las máquinas, la automatización y los robots estarán presentes en ese nuevo mundo que está a la vuelta de la esquina. Una sociedad en la que habrá que acostumbrarse a convivir con robots que hablarán, nos atenderán, nos cuidarán y nos informarán. También viviremos siendo observados por cámaras y drones que volarán sobre nuestras cabezas, artefactos que estarán presentes en el hogar, el trabajo, los hospitales, los vehículos, etc. Nada nos podrá eludir de su presencia y de su vigilancia, y la gente o se acostumbra a ser observada continuamente o actúa de otra manera ante ese hecho. Tendremos que acostumbrarnos a los cíborgs, seres clonados, androides, replicantes y avatares. O individuos tratados con nanobots que harán proezas atléticas y serán infatigables. Seamos lo suficiente sinceros como para admitir que comenzarán a aparecer más casos de robotfobia. Ya he explicado en el capítulo dedicado a los robots domésticos que en algunas oficinas, donde deambulan estos androides, se ha visto como algunos empleados llegan a golpearlos cuando no los ve nadie.

La nueva medicina nos alargará la vida, viviremos más y en mejores condiciones. Tendremos acceso a *smart drugs* que nos harán más inteligentes y más despiertos.

Todo este monumental cambio no afectará a los jóvenes que ya crecerán adaptándose a esta transformación como se han adaptado hoy a los móviles, Internet, Facebook, etc. El problema de adaptación estará en los adultos, especialmente aquellos que tengan dificultades con las tecnologías emergentes. Los jóvenes nacen con un *smartphone* en una mano y un *i-Pod* en la otra.

Esta circunstancia creará nuevos traumas, bloqueos, insatisfacciones y automarginaciones, todo un panel de sintomatologías que tendrán que abordar los nuevos o viejos psicólogos. Habrán individuos que sufrirán crisis perpetuas debido a tener que convivir en un mundo que no comprenden. Muchas enfermedades hoy habituales, como el estrés, en el futuro no parece que vayan a tener gran incidencia. Síntomas como la depresión, esquizofrenia o los trastornos bipolares podrán erradicarse con medicación. Los especialistas de la Universidad de Harvard auguran, sin embargo, un aumento de paranoicos y psicópatas que hoy representan, entre ambos, un 2% de la población mundial.

La física tal como la conocemos ahora sufrirá un cambio revolucionario en sus teorías y principios. El espacio se convertirá en nuestro siguiente objetivo y, este nuevo hábitat con sus colonias lunares o marcianas, traerá nuevas patologías psicológicas. Nacerá la exopsicología que atenderán a nuevas patologías: nostalgia terrestre, espaciofobia, soledad espacial, visiones, síndrome de Ulises, síndrome de Robinson.

En cuanto a la cognición emocional se trata de un nuevo término desarrollado por Herbert Simón y Marvin Minsky, dos pioneros en la inteligencia artificial, expertos en mecanismo cerebrales del procesamiento emocional y técnicas de neuroimagen de cognición. Tendremos nuevas técnicas como la optogenética que activa un circuito cerebral a través de proteínas fotosensibles que se inyectan en el lugar preciso.

En su aplicación se ingiere un comprimido con una sustancia que se activa con la luz y está unida a neurotransmisor. Cuando llega al cerebro la luz emitida por el endoscopio libera el neurotransmisor que abre la entrada de iones y activa la neurona.

La cognición emocional nos lleva a las tecnoterapias. Tendremos algunas ventajas, ya que conoceremos mejor nuestro cerebro gracias al Proyecto Cerebro y Proyecto Brain que han comenzado este año. Empezaremos a tener verdaderos mapas y quizá sepamos cómo funcionan las neuronas.

En cuanto a las tecnoterapias podemos augurar una gran cantidad de nuevas psicotécnicas: descargas eléctricas en puntos concretos del cerebro, iluminación de zonas, calor, nanobots dirigidos a los lugares adecuados, electromagnetismo, y métodos estadísticos de análisis personal extraídos de Facebook, Twitter, etc.

Tenemos un ejemplo de esta nueva psicología en un interesante trabajo de Eric Horvitz de Microsoft, que ha desarrollado un sistema que puede predecir la probabilidad de que una mujer embarazada sufra una depresión posparto mediante un análisis de sus publicaciones en Twitter. Estudia la frecuencia con la que usa las palabras «yo» y «mi». Un simple programa es capaz de ofrecer estos resultados.

El test de Rorschach (las manchas) se quedará obsoleto. Será sustituido por neuroimágenes. Veremos qué neuronas se activan ante la visión de un rostro determinado agradable o ante la imagen de una alimaña amenazadora. La parte del cerebro activada nos ofrecerá datos sobre el comportamiento y, la experiencia con muchos sujetos, nos llevará a programas perfectamente definidos sobre la personalidad del individuo. Veremos patrones precisos en el cerebro: emociones, fallos de circuitos neuronales en trastornos psíquicos y psiquiátricos. Tendremos mapas de las conexiones entre las neuronas: la conectómica. Mapas de las señales eléctricas asociados a los procesos cognitivos.

Dentro de las terapias cognitivas se ha creado el Mind Mirror que ofrece una representación visual de un electroencefalograma que puede ser utilizado en terapias cognitivas. En esta terapia el sujeto lleva colocado un casco con electrodos que están conectados a un ordenador. Por medio de una webcam la imagen se refleja en un espejo, se trata de una imagen virtual, donde queda captada la actividad eléctrica del cerebro. El psicoterapeuta sabe que el color rojo significa concentración y el azul relajación.

Son varios los equipos que están investigando en la actualidad y que se espera que pronto obtengan resultados. La depresión es una enfermedad mental muy grave que afecta a millones de personas en todo el mundo y en el futuro puede aumentar en parte de la población no integrada en ese nuevo mundo. ¿Podría un pequeño implante cerebral curarla? Los laboratorios New Venture intentan comprender y sanar muchas enfermedades mentales como la depresión, para ello trabajan en la estrategia de interrumpir el circuito cerebral afectado. Los médicos de la UC San Francisco están liderando un programa de investigación multiinstitucional de 26 millones de dólares en las que emplearán tecnología avanzada para caracterizar las redes cerebrales humanos y comprender mejor y tratar una variedad de trastornos psiquiátricos, centrándose primero en los trastornos de ansiedad y la depresión mayor.

La Psicología transpersonal, etnopsicología, dispondrá de un gran surtido de enteógenos que actuarán directamente sobre determinados lugares del cerebro o activarán todas las neuronas llevando al paciente a otras realidades. Nos enfrentamos a un campo de investigación inesperado con nuevas posibilidades transpersonales. Un campo para abordar en un libro especializado sobre esta temática, algo que no es el caso de este libro de carácter más tecnológico.

Incluso parece que las nuevas técnicas pueden conseguir que los individuos sean más inteligentes.

ESTIMULACIÓN ELÉCTRICA PARA SER MÁS INTELIGENTE

Empiezo por advertir que ningún manitas cometa la imprudencia de construirse el tipo de dispositivo del que voy hablar, aunque sé, que pese a las advertencias disuasorias, siempre habrá alguna persona dispuesta a experimentar con el objetivo de ser más inteligente.

Se trata de una nueva técnica, a través de estimulación eléctrica que activa las neuronas de nuestro cerebro. En realidad no es algo nuevo, ya que los antiguos griegos y romanos parece que ya la utilizaban, dado que Plinio el Viejo habla en sus tratados de la utilización de las descargas de la raya torpedo del Océano Atlántico para curar los dolores de cabeza.

Hasta ahora, los que querían activar las neuronas del cerebro para tener mayor concentración, potencia cognitiva, atención y mayor capacidad intelectual, ingerían nootrópicos, entre ellos Modafinilo, conocido también como Provigil, que actúa como la noradrenalina y la dopamina, aumentando los niveles de histamina en el hipotálamo, lo que producía un aumento de la atención, confianza y concentración. Es uno de los nootrópicos que ingieren los cirujanos para las intervenciones de catorce horas, y los pilotos de *Top Gun*, así como muchos científicos que quieren alcanzar el Nobel.

Pero ahora, los neurocientíficos han descubierto otro método de refuerzo cognitivo: la estimulación transcraneana por corriente continua, lo que se conoce como ETcc. Con este procedimiento se inyecta en el cerebro corrientes continuas de baja intensidad a través de electrodos colocados en el cuero cabelludo. Estas descargas eléctricas provocan ajustes incrementales en los potenciales eléctricos de las neuronas próximas a los electrodos y las excitan.

La excitación de una neurona, para que se active, se produce normalmente por la descarga de un ión de potasio o calcio positivos en el núcleo de la neurona. Estas descargas producen una onda que se transmite por el axón o dendrita hasta alcanzar los neurotransmisores que saltan a otra neurona (sinapsis) y activan una red.

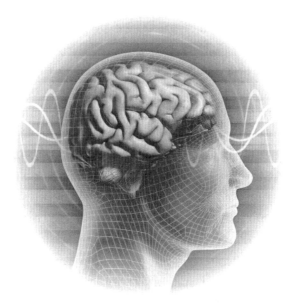

La corriente ETcc también activa un número destacado de neuronas. Sube de vueltas el cerebro, nos hace más cognitivos y más inteligentes, algo ansiado por muchas personas. En resumen el ETcc tiene la finalidad de aumentar nuestro intelecto mediante estas descargas eléctricas.

Este procedimiento aún no ha sido aprobado por la Agencia Federal de Fármacos y Alimentos de EE.UU. Es un procedimiento que está en fase experimental, ya que se desconoce si puede provocar modificaciones neuronales, buenas o malas, a largo plazo.

Pero ha llamado poderosamente la atención de los «manitas» por su fácil construcción y por ser muy económica, así como lo sencilla que es su aplicación. Todos los elementos están al alcance de cualquier sujeto en los comercios. Lo que no deja de ser un peligro.

La realidad es que solo se precisa una sacudida de electricidad para entrar en un estado de flujo que permite aprender nuevas habilidades más rápidamente y resolver problemas en menos tiempos. Se trata de un procedimiento que mejora la cognición.

Este nuevo sistema ofrece nuevas posibilidades. La utilización de la electricidad en nuestro cerebro abre las puertas para mejorar la concentración, la memoria, superar la depresión, todo aquello que hasta ahora se conseguía con los nootrópicos. También se trata de estimular el cerebro para tratar otras dolencias, como la depresión, epilepsia, la sordera, etc.

El equipo está compuesto de una correa en la que hay que asegurarse que sus electrodos están alineados de la manera correcta, el siguiente paso sólo consiste en accionar el interruptor. Notaremos una pequeña descarga y un zumbido que se desvanece rápidamente. Aparece una clara ansiedad y una mayor capacidad de resolver problemas que estaban pendientes.

Esta pequeña descarga de energía eléctrica afecta a millones de células. Pero hay que asegurarse que la electricidad llega a la región del cerebro adecuada, hecho que sólo se consigue si los electrodos están bien colocados y existe un buen conocimiento de las partes del cerebro. La perfección en esta técnica se consigue colocando un chip en el interior del cerebro, pero eso ya requiere intervención quirúrgica.

Como nos podemos imaginar, DARPA se ha interesado por los avances en este campo, no solo para solucionar problemas de memoria dañada en soldados a causa de traumas bélicos, sino también en la reducción del tiempo de formación en los soldados y militares de alto rango. Estas reducciones de tiempo representarían millones de dólares y unos hombres más capaces de tener más concentración, atención y nuevas habilidades.

CAPÍTULO 9

CÍBORG

«No es la unión entre eyeborg y mi cabeza lo que me convierte en cíborg, sino la unión entre el software y mi cerebro.»

NEIL HARBISSON, PRIMER CÍBORG RECONOCIDO OFICIALMENTE

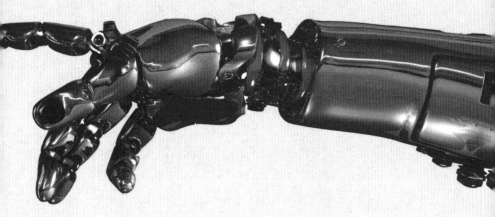

UN CÍBORG NO ES UN REPLICANTE

La palabra cíborg es un anacronismo inglés formado por las palabras «cybernetic» y «organisme». «Replicante» es el término usado en la película de Ridley Scott, *Blade Runner,* para designar a seres artificiales que imitan al ser humano y llegan a ser indistinguibles de ellos. Un cíborg es un ser compuesto de elementos orgánicos propios y dispositivos cibernéticos que tienen la capacidad de mejorar las partes orgánicas sustituidas a través de la tecnología. Así un cíborg sería, en su versión más sencilla o primitiva, aquel que lleva un marcapasos, o un corazón artificial. La diferencia elemental entre cíborg y replicante es que el primero es un humano con componentes tecnológicos y el replicante no es humano, carece de experiencia y recuerdos, es una creación biológica de un ente preparado para resistir unas condiciones físicas extremas, incluso fuera de nuestro planeta. El cíborg también puede adaptarse a través de la tecnología a condiciones extremas, pero es un ser humano modificado, con órganos sustituidos.

Un individuo con un audiófono, marcapaso o una prótesis de un brazo, mano o pierna, unida al sistema nervioso es un cíborg. Neil Harbisson[1], nacido en 1982, es el primer cíborg del mundo reconocido como tal por los gobiernos, lo que le otor-

---

1. Harbisson dirige la Fundación Cíborg ubicada en el Tecnocampus Universitario de Mataró.

ga el estatuto de cíborg. Harbisson padece acromatopsia, una disfunción que le hace ver el mundo en blanco y negro. Para contrarrestar esta situación lleva instalado un *eyeborg* en la cabeza, es decir, un sensor al lado del ojo con un chip en la nuca que convierte las frecuencias de la luz en frecuencias audibles que puede interpretar como escala de colores.

A Harbisson le rechazaron las fotografías para el pasaporte ya que incluían el *eyeborg,* y se consideraba que no se podía aparecer en este documento con aparatos electrónicos en la cabeza. En realidad, aunque no es visible, el individuo que lleva un marcapasos o un corazón artificial es reconocido por los controladores como una persona exenta de atravesar controles electrónicos que puedan afectar al implante.

El médico de Harbisson y los neurotécnicos que le habían instalado el *eyeborg* intervinieron, y las autoridades tuvieron que reconocer que el *eyeborg* formaba parte del cuerpo de Harbisson, de esta forma Neil Harbisson obtenía el estatuto de cíborg, el primer cíborg del mundo reconocido por un gobierno. Hoy su pasaporte lleva una fotografía con el *eyeborg* incorporado.

LA SUPERVIVENCIA HUMANA ESTÁ EN LOS CÍBORGS

Hugh Herr era un alpinista al que, tras un accidente, tuvieron que amputarle ambas piernas por debajo de la rodilla. Las primeras prótesis que le ofrecieron las encontró inaceptables, ya que con ellas no podría subir por la montaña. Hugh Herr se puso a trabajar por su cuenta y hoy, treinta años después, camina y escala roca sobre extremidades biónicas de su propia creación.

Hugh Herr con sus extremidades biónicas.

Hugh Herr es director del grupo de biomecatrónica en los laboratorios del MIT. Está convencido que antes de cincuenta años se habrán eliminado todas las discapacidades. Herr no cree en las curas biológicas o farmacológicas, sino en nuevas adiciones electromecánicas que incorporaremos a nuestros cuerpos. La supervivencia humana convirtiéndonos en cíborgs.

Los científicos del MIT han creado un movimiento para el desarrollo de la medicina en la era de los cíborg. En cientos de laboratorios se trabaja en sistemas basados en la electrónica y su comunicación con el sistema nervioso humano. Se trata no sólo de reemplazar partes de nuestro cuerpo físico por piezas de grafeno, titanio, plástico u otros materiales, sino de utilizar chips para curar enfermedades mentales o producidas por conexiones defectuosas del sistema nervioso.

Dos líneas de actuación, una para el control de las prótesis y otra para el control de las emociones. Así, en este segundo caso, una depresión puede ser solucionada con la estimulación profunda del cerebro, a través de electrodos implantados en el cerebro que producen pulsos constantes de electricidad en ciertas áreas neuronales. Enfermedades como el Alzheimer o el Parkinson podrían ser tratadas con sistemas semejantes.

Las señales eléctricas generadas en el cerebro también viajan a través de la médula espinal y a lo largo de los nervios periféricos para instruir a los músculos y los órganos del cuerpo. Hasta ahora se ha actuado con productos farmacéuticos que podrían alterar químicamente la acción de las neuronas u otras células en el cuerpo, hoy ya existen nuevos tratamientos que usan pulsos de electricidad para regular la actividad de neuronas, o dispositivos que interactúan directamente con nuestros nervios. El objetivo es registrar y comprender órdenes del cerebro y luego enviar esas instrucciones para la prótesis.

Incluso la conexión más directa entre el cerebro y la máquina va a ser posible. No sólo es posible para un sistema de este tipo transmitir órdenes más precisas a la prótesis, también podría enviar información sensorial hasta los nervios.

Superadas las discapacidades físicas y emocionales, el siguiente paso será evitar los estados seniles causados por el envejecimiento. Una prótesis cognitiva será siempre más barata que veinte años cuidando a una persona con demencia. Por esta razón se investiga en prótesis que activen la memoria y la inteligencia.

REFLEXIONES FILOSÓFICAS ANTE EL MUNDO DE LOS CÍBORGS

Nicholas Agar, profesor de filosofía en la Universidad Victoria de Wellington, cree que la creación de cíborgs en una sociedad como la nuestra, en donde las desigualdades económicas son evidentes, no hará otra cosa que crear elites que se permitirán utilizar las mejoras cognitivas y tecnológicas de los cíborg, y parias que seguirán sumidos en la pobreza.

Otros pensadores se preguntan ¿qué sucederá con las religiones si el futuro es de los cíborg? Hay quienes son ateos radicales y ven en la tecnología cíborg una forma de vivir casi eternamente. Hay para quien es una forma de acercarse a la salvación y ser divino; para Ray Kurzweil es una manera de «crear a Dios al reordenar toda la materia en el Universo y alcanzar la consciencia».

Una larga lista de pensadores y autores reflexionan sobre el futuro de la religión en la época cíborg. El lector interesado puede consultar los libros de Merlin Donald, Robert Bellah, Tyler Burge, Andy Clark, Lambros Malafouris, Ara Norenzayan, entre otros.

Nos enfrentamos a una marcha imparable del progreso en el que no solo participa la ciencia de los cíborgs, sino otras disciplinas, incluida la filosofía y la teología. ¿Qué sucederá con la segunda? ¿Resistirá una mutación de la especie en seres cibernéticos? ¿Puede un ser con casi todo su cuerpo reemplazado y asistido por sensores en el cerebro seguir creyendo que es una criatura de Dios?

Los seres humanos se convertirán en cíborgs, pero seguirán siendo consecuencia de nacimientos naturales, aunque se les modifique el cuerpo y la mente para vivir cientos de años. Suponiendo que sigamos trayendo más seres a este mundo. Estoy convencido que esta anatomía electrónica cambiará la forma de ver el mundo y lo que nos rodea, pero también estoy seguro que el hecho de creer o no creer en Dios no dependerá exclusivamente de los cíborg, habrán otros factores decisivos, como el contacto con civilizaciones extraterrestres más avanzadas que nosotros y el derrumbe de los mitos y las creencias. Existe una clara tendencia al transhumanismo, movimiento cuya fe radica en la ciencia y la posibilidad, a través de sus descubrimientos, de vivir eternamente. Para los transhumanistas poco importa si somos cíborgs, consecuencia de medicina regenerativa, replicantes o avatares, lo vital es poder seguir viviendo sin tener que pensar en la muerte.

Acostarse, virtualmente, con la *star* preferida

Ser cíborg es la integración de los tejidos vivos con maquinaria de ingeniería que permita mejorar el funcionamiento de la mente y el cuerpo humano.

¿Es trascendental la tecnología cíborg? Lo es si consideramos que no estamos construyendo vehículos, aviones, ordenadores, etc., sino que nos estamos construyendo a nosotros mismos con las facultades que nos gustaría poseer. La tecnología cíborg nos permitirá realizar en nosotros mismos aspectos alucinantes.

Podremos comunicarnos con computadoras y obtener toda la información que almacenan convirtiéndonos en seres superdotados. La memoria artificial es un potenciador cognitivo, pero también representa una oportunidad para una forma de inmortalidad. Ray Kurzweil pretende, como veremos en el capítulo siguiente, transferir nuestra mente a un ser dotado de un potente ordenador, la tecnología cíborg es todo lo contrario: transferir la información que hay en un ordenador a una mente humana debidamente preparada para esta recepción.

Una tercera posibilidad de la tecnología cíborg es la navegación por nuestro propio cerebro. Es como tener unas gafas Google que permiten ver en realidad virtual nuestros movimientos por la imaginación y los recuerdos de nuestro cerebro. Andamos por el interior de un castillo o, simplemente, por la casa de nuestro vecino.

¿Cómo cambiarán los conceptos éticos como consecuencia de estas posibilidades? ¿Será del todo normal que le digamos al vecino que hemos estado virtualmente en su casa y nos hemos acostado, virtualmente, con su mujer? Posiblemente en una sociedad cíborg estos aspectos no tendrán la menor importancia y la fidelidad, no virtual, será un concepto obsoleto del pasado.

Uno de los aspectos más interesantes residirá en la posibilidad del aprendizaje artificial. La modificación mecánica directa del estado de ánimo de uno, motivación e incluso la personalidad. También la posibilidad de eliminar nuestra depresión, de adquirir una mayor concentración en nuestro trabajo, eliminar nuestras angustias, miedos, nuestra violencia. Emociones que en la actualidad tratamos con comprimidos y nootrópicos, pero que en el futuro de los cíborg solucionaremos con simple chip instalado en nuestro cerebro.

Parece que estoy hablando de un mundo de ciencia-ficción a muy largo plazo. Sin embargo, la mayor parte de estas tecnologías están en fase de investigación, subvencionadas por multimillonarios como Brin o Zuckerberg, que esperan el momento adecuado para comercializarlas.

La tecnología cíborg es inevitable, emerge con la tecnología de la información que ha mejorado muy sensiblemente, igual que nuestra comprensión de la biología, y nuestro cerebro conocido cada vez mejor por los neurocientíficos.

Sólo nos queda lidiar con los aspectos éticos y crear unos protocolos internacionales que sean severamente respetados. Para ello se precisa la intervención de otras disciplinas no tecnológicas, como la filosofía y la psicología. Los cíborg van a mejorar la vida humana, pero también comportan un cambio social y una vida completamente diferente.

No tenemos que cerrarnos en banda ante los cíborg, cualquiera de nosotros puede convertirse en uno de ellos. Algunos ya lo son utilizando lentes de contacto cada día más perfeccionadas, audífonos para oír mejor, marcapasos o corazones artificiales. En realidad no existe gran diferencia ante la posibilidad de llevar un chip en el cerebro.

Cybatholon: La Olimpiada de los cíborg

Con la aparición de los cíborg las olimpiadas paralímpicas entran en una dimensión mucho más tecnológica. El atleta paralímpico competirá en nuevas modalidades y su equipo personal será cada vez más tecnológico, es decir habrá una combinación de prótesis tradicionales con la robótica. Toda una dimensión que inauguró el velocista paralímpico en los Juegos Olímpicos del 2012, Oscar Pistorius con sus piernas de prótesis de fibra de carbono. A partir de ese momento todos los competidores saben que los Juegos Paralímpicos estarán dominados por la tecnología y sus participantes serán cíborgs.

Ante esta posibilidad se barajan nuevos tipos de pruebas y competencias, nace el Cybathlon, un campeonato de carreras de pilotos con discapacidad, para-atletas que utilizarán dispositivos de asistencia avanzadas, incluidas las tecnologías robóticas. Un evento organizado por el Centro Nacional Suizo de Competencia de Investigación en Robótica (Robotics NCCR).

Se pretende que estas competiciones sean de diferentes disciplinas en las que se puedan utilizar las prótesis más modernas de rodillas, prótesis de brazo, exoesqueletos accionados, sillas de ruedas eléctricas, músculos estimulados eléctricamente y las interfaces cerebro-computadora.

Los dispositivos de asistencia procederán de préstamos empresariales y prototipos desarrollados por los laboratorios de investigación. Por esta razón se darán dos medallas para cada competición, uno para el piloto, que está impulsando el dispositivo, y otra para el proveedor del dispositivo.

Las competiciones que se han previsto son variadas y caben en todo tipo de discapacidades. Habrá quienes competirán con una prótesis de brazo y tendrán que completar con éxito dos cursos de tareas de mano-brazo lo más rápido posible.

Habrá una carrera en la que los pilotos estarán equipados con interfaces cerebro-ordenador (BCI) que les permitan controlar un avatar en un juego de carreras jugado por los equipos.

Los pilotos con lesión medular completa podrán recurrir a la ayuda de la estimulación eléctrica, para poder llevar a cabo un movimiento de pedaleo en un dispositivo de ciclismo que los lleva en un recorrido circular. Pilotos con amputación transfemoral serán equipados con dispositivos exoprostésicos accionados por ellos, y tendrán que completar con éxito un tramo de la carrera lo más rápido posible.

Los pilotos con lesiones de la médula espinal torácica o lumbar completas podrán ser equipados con dispositivos exoesqueléticos accionados, que les permitirá caminar por un campo de regatas especialmente adaptado para esa prueba.

Los pilotos con diferentes niveles de discapacidad (por ejemplo, cuadripléjicos, parapléjicos, amputados) estarán equipados con sillas de ruedas eléctricas, lo que les permitirá mantenerse a lo largo de una carrera especialmente adaptada para ellos. Durante la carrera los pilotos tendrán que maniobrar la silla hacia adelante y hacia atrás entre conos especialmente colocados con obstáculos de diferentes tamaños.

Nadie duda que llegará un momento en que los atletas paralímpicos que utilizan sistemas robóticos serán capaces de igualar, y luego superar a los atletas humanos sin problemas físicos. En ese momento nos preguntaremos sobre lo mucho que un atleta tiene de humano y lo mucho que un atleta es robot. Por ahora tenemos que esperar hasta el 8 de octubre de 2016, cuando el primer evento Cybathalon se lleve a cabo en Zurich, Suiza.

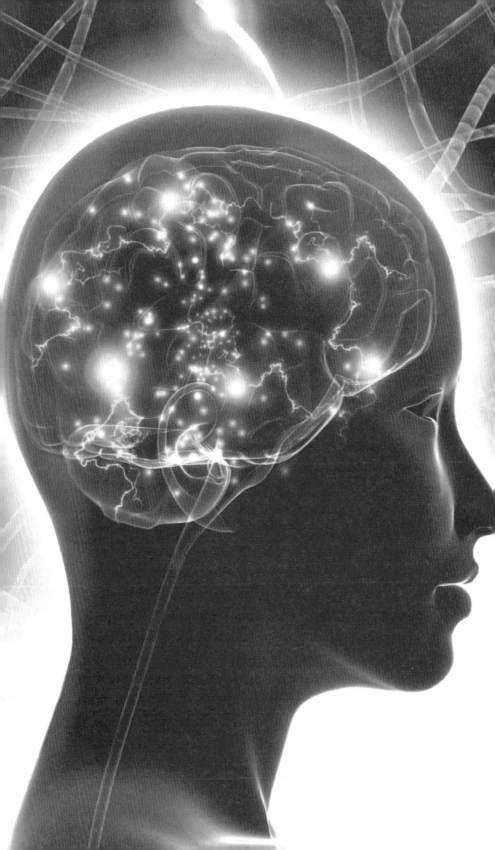

CAPÍTULO 10

LA SINGULARIDAD E INITIATIVE 2045

«*Los científicos han empezado a corroborar que el cerebro funciona por procesos cuánticos.*»

KUNIO YASUE Y K.H. PRIBRAM

«*(...) ciertas partes del cerebro realizan funciones específicas, pero parece que hay algo más básico que las neuronas concretas que llevan a cabo el procesamiento real de la información: algo que no parece pertenecer específicamente a ningún grupo de células.*»

KARL LASHLEY (NEUROPSICÓLOGO)

« *(...) la actividad eléctrica de los microtúbulos que componen las partes internas de las dendritas y neuronas cerebrales deben de estar, en algún modo, en el núcleo de la consciencia*».

STUART HAMENOFT

«*La robótica ha salido de los laboratorios y ha pasado al mundo real.*»

UWE HAASS (DIRECTOR DE EUROBOTICS)

¿Qué es la singularidad?

La singularidad es un término común en astrofísica para definir el lugar dónde surgió el *big bang* (en un punto de singularidad) y un agujero negro (lugar de singularidad). Ray Kurzweil lo utiliza como título de su libro *La Singularidad está cerca*, y define la singularidad como ese momento en el tiempo en que la inteligencia artificial habrá progresado hasta el punto de ser mayor que la inteligencia humana. Asociado a este término tenemos los conceptos de Human 2.0 o transhumanismo, tiempo en que los seres humanos empiezan a remplazar partes de su cuerpo por maquinaria robótica o computarizada para burlar la muerte.

Como hemos visto en el capítulo anterior, los exoesqueletos, o los órganos artificiales, incluso los chips cerebrales ya han comenzado a sustituir partes del cuerpo humano. Unas sustituciones que se han realizado en personas que han perdido un miembro o en personas que les ha fallado un órgano. Y también se han realizado implantaciones de sensores cerebrales, o utilización de cascos con sensores no invasivos, para manejar drones a distancia, hacer volar un cuadróptero o simplemente jugar.

Kurzweil, que no acostumbra a equivocarse, destacó en 2003 que «para el 2030, se habrá completado la ingeniería inversa del cerebro humano y la inteligencia no biológica se fusionará con nuestros cerebros biológicos». Esto significará que nuestros cerebros van a estar conectados a computadoras, controlando nuestros sentidos y anticipándose a nuestros propios pensamientos. Es decir, responderán a nuestras preguntas antes de pensar en ellas. Sé que lo que he dicho parece increíble, incluso de locura, pero es lo que puede ocurrir cuando conectemos nuestro cerebro a un ordenador inteligente que es miles de veces más rápido que nosotros.

Este hecho implica una nueva forma de pensar, incluso de comportarse en sociedad, como consecuencia de estar conectado a computadoras que responden a nuestras preguntas sin necesidad de haberlas formulado.

Hoy advertimos con asombro el hecho que no hay día en que no se produzca un descubrimiento científico, un nuevo avance de la ciencia. Imaginémonos dentro de 20 o 30 años, en el que los laboratorios científicos se habrán triplicado y el número de investigadores salidos de la universidades abundarán. Acaecerá que los avances tecnológicos en genética, nanotecnología, biotecnología e IA serán tan rápidos que los humanos se verán sometidos a una evolución radical. Será el tiempo de la singularidad, en que la medicina nos hará eternamente jóvenes, erradicará todas las enfermedades, reemplazará todos nuestros órganos o los regenerará, hasta el punto que superaremos la muerte.

La singularidad es la promesa de un mundo que están construyendo conjuntamente varios científicos de diferentes especialidades. Un mundo feliz como el de la novela de Huxley.

Hablamos de lo que nos aportarán las máquinas con IA, pero no consideramos lo que va a significar la reciente ciencia de la nanotecnología que cambiará nuestro mundo, el grafeno ofreciéndonos todo un nuevo panorama en la producción de energía en las células solares. Pavimentos de carretera de grafeno que nos ofrecerán energía gratuita para los vehículos que circulan por ellas.

Kurzweil, hoy director en Google e investigador en Calico (California LifeCorporation) y en la Universidad de la Singularidad del MIT, ha conseguido que una empresa como Google, dedicada al ciberespacio, comprase las más importantes empresas de robótica y centrase sus futuras investigaciones en este campo. El proyecto de Kurzweil es la revolución inminente, los robots a nivel humano a los que, inicialmente utilizaremos y más adelante servirán como soporte para transferir nuestro cerebro a un cuerpo rediseñado y superior al humano que nos hará vivir eternamente. No es la utopía de Kurzweil, es un proyecto en el que ya se han invertido millones y está en fase de investigación.

Kurzweil destaca en sus libros que en el 2040 los seres humanos estarán cada vez más compuestos de partes no biológicas que habrán añadido a sus cuerpos: huesos de carbono, músculos, piel de grafeno, incluso nuevas neuronas a base de nanotubos de carbono. Recambios no biológicos con tasa cero de fracaso.

Los accidentes de los seres humanos podrán ser atendidos por nanorobots guiados por inteligencia artificial, que serán capaces de reparar rápidamente las partes destruidas en el cuerpo humano o, si es necesario, dar formato a un nuevo cuerpo con el original del paciente en el que la consciencia y los recuerdos permanecerán intactos. La mayoría de las víctimas de los desastres ni siquiera se darán cuenta de que habían muerto y ya habrán sido recuperadas.

Todas estas nuevas aplicaciones en el cuerpo de los seres humanos garantizarán una mayor longevidad y resistencia. Al convertirnos en seres más resistentes e inmortales podemos acceder al siguiente paso: la conquista del espacio. Para ello, Kurzweil, precisa la necesidad de poder transferir nuestros cerebros con toda la información y la consciencia a avatares completamente inmortales.

Pero, ¿por qué quieren algunos seres humanos ser inmortales y qué ventajas va a depararles? Los transhumanistas que abogan por la inmortalidad tienen sus razones claras y evidentes de querer elegir ese destino. Primero, no creen en la existencia de otra vida después de la muerte, por lo que fallecer es dejar de ser, de existir, de pensar y almacenar información de lo que nos rodea, es pasar a ser nada. Segundo, vivir eternamente es saciar esa necesidad imperecedera de saber más, de conocer esa infinidad de misterios que nos ofrece el Universo, desde su aparición a las incontables civilizaciones que se han desarrollado en otros sistemas planetarios con sus extraños seres y procesos evolutivos.

Los transhumanistas creen que es incongruente el hecho de morir y que esto conlleve la desaparición de toda la información que un individuo contiene en el cerebro.

Las ventajas de un cuerpo no-biológico

Desde los inicios de la humanidad el ser humano ha hecho todo lo posible para sobrevivir. No nos engañemos, el hombre ha querido ser inmortal en todas las épocas de la vida. Desde la epopeya de Gilgamesh, hasta los científicos actuales, pasando por los alquimistas y los místicos, todos buscan la inmortalidad. Si algunos han deseado la muerte ha sido debido a la tortura de sus enfermedades, a su invalidez y capacidad para no poder andar, a su estado enfermizo. Pero lo que nos propone la ciencia es una vida sin envejecimiento, sin enfermedades, llegar a los cien y doscientos años jóvenes y vigorosos física y mentalmente.

De todas las épocas, tal vez es la actual en la que la inmortalidad es más posible que nunca gracias a la medicina regenerativa, la ciencia médica moderna, las máquinas y la IA. Hasta ahora la inmortalidad formaba parte de mitos y leyendas, creencias e historias sin ningún respaldo científico. Ahora forma parte de un proyecto y unos objetivos concretos.

La longevidad tiene sus ventajas al permitirnos vivir más tiempo y seguir aumentando nuestros conocimientos. Vivir más años, en unas condiciones óptimas como las que se auguran para el futuro, puede permitir a muchas personas seguir desarrollando sus capacidades, ser cada vez más sabios, adquirir más conocimientos. ¿Se imaginan lo que habrían seguido aportando genios como Leonardo da Vinci, Darwin, Newton, Feynman o Einstein por citar sólo a unos pocos?

Dentro de la investigación para la búsqueda de la inmortalidad se plantean dos ramas de trabajo: la biológica y la no-biológica. Veamos las ventajas que ofrece un camino biológico, uno no biológico, es decir robótico, y uno intermedio con avatares de fibra de carbono y algunos órganos biológicos.

En realidad somos sólo una entidad consciente, es decir, una mente que, como explico en *Cerebro 2.0*[1], funciona electroquímicamente o cuánticamente. Un sistema cognitivo en un medio biológico que explota un cerebro biológico. Un organismo en el que lo importante es la mente. Es decir, como diría el fallecido humorista José Luis Coll, «lo importante es la mente, lo demás son andamios y muletas para sostener el cuerpo». Visto bajo este punto de vista, sólo tenemos que mantener viva nuestra mente para acceder a la inmortalidad física.

Así vemos que existen dos alternativas: 1º. Mantener nuestro cuerpo biológico vivo con el fin de mantener nuestra mente en un estado preferente. 2ª. Construir un medio biológico, tecnobiológico, biosintético o robótico, y transferirle nuestra mente para vivir eternamente.

En el primer caso tenemos que recurrir a la medicina *antiaging* o la regenerativa, desarrollar una protección antivírica perfecta. Un cuerpo biológico siempre está expuesto

---

1. Ma Non Troppo, Ediciones Robinbook. 2013

a más riesgos. En caso de destrucción del cuerpo biológico cabría la posibilidad de traspasar nuestro cerebro a un nuevo cuerpo clonado.

La otra posibilidad, la de un sistema no biológico, un robot dotado de una potente computadora, se basaría en una transferencia conocida como la carga mental o el cerebro de emulación. Para realizar esta transferencia se debe disponer de un cerebro escaneado en detalle y la construcción de un modelo de software de este escaneado que cuando se ejecute en el hardware se comportase igual que el cerebro original. Más adelante profundizaremos en la transferencia del cerebro a una máquina.

Observamos que todo parece más sencillo cuando optamos por buscar la inmortalidad a través de sistemas no-biológicos. Por otra parte hay que tener en cuenta que el progreso de la civilización tiende a la expansión por el espacio donde la robótica tendrá un papel predominante. Instalar los cerebros humanos en soportes no biológicos ofrece sus ventajas en el espacio, el sistema sólo precisa energía y no tiene necesidad de oxígeno, alimentos y agua.

Las desventajas de los sistemas biológicos son evidentes: traumas físicos, enfermedades virales, infecciones, etc.

De cualquier forma no todo es tan sencillo, supongamos que conseguimos el método de transferir un cerebro humano a una máquina, ¿quién nos garantiza que se ha transferido la mente y no se ha construido una copia similar pero diferente? Esto significaría que creamos mentes similares a otras mentes, pero no hacemos a nadie inmortal, hemos realizado un «cerebro replicado».

Tampoco queda muy claro la transferencia de la consciencia que puede ser un proceso cuántico. Sobre este tema existe una profunda discusión entre filósofos y técnicos, en la que ninguno de los dos han aclarado donde está la consciencia.

Cómo almacenar un cerebro con todo lo que contiene

La inmortalidad no parece que pueda alcanzarse antes de 30 o más años, mientras tanto, los que hoy tienen más de 60 años y quieran llegar a esa fecha tienen que buscar alguna forma de preservarse. La criogenización no parece ofrecer las suficientes garantías, sabemos que implica muchos riesgos que pueden producir daños cerebrales, estuve trabajando con el profesor Anatole Dolinoff y conozco los inconvenientes y problemas de la criogenización. Así que tenemos que buscar un modo de almacenar un cerebro y todo lo que contiene. La robótica e informática parecen ser la solución más segura.

Un Avatar es un robot con apariencia humana.

Se trata de encontrar una técnica de conservación que pueda almacenar un cerebro indefinidamente sin causar daños en sus neuronas y los billones de conexiones microscópicas que existen entre ellas.

Conseguido este primer paso, el segundo podría llegar cincuenta o cien años después, cuando se sepa transferir una mente a un cuerpo biosintético, un avatar o un ordenador.

Con este objetivo, Kenneth Hayworth, científico del Instituto Médico Howard Hughes, ha cofundado la Fundación Cerebro Preservación. Hayworth propone un método que implica el bombeo de productos químicos a través del cuerpo que puedan colocar las proteínas y los lípidos en su lugar. Una vez conseguido este paso se retira el cerebro y se sumerge en una serie de soluciones que deshidratan el agua de origen natural y la reemplaza con resina plástica. La resina evita reacciones químicas que causan caries, consigue una preservación de la intrincada arquitectura del cerebro.

Sin embargo, con el fin de que todos los productos químicos utilizado puedan impregnar completamente el tejido cerebral, se debe cortar el órgano en secciones de 100 a 500 micras de espesor, un proceso que destruye la información almacenada en las conexiones realizadas a lo largo de esas superficies.

Shawn Mikula, un investigador en el Instituto Max Planck para la Investigación Médica en Heidelberg, Alemania, ha desarrollado un protocolo que parece salvaguardar todas las sinapsis del cerebro. El método conserva el espacio extracelular en el cerebro de manera que los productos químicos pueden difundirse a través de capas miríada de todo el órgano. Entonces, si el cerebro se corta y se analiza en una fecha futura, todos los circuitos permanecerán visibles.

En pruebas efectuadas en ratones, examinados con microscopios electrónicos, parece que, según Hayworth, la técnica de Mikula es eficaz.

Un tercer paso sería transferir esa información, en un futuro, a un ordenador cuando se sepa cómo realizarlo.

En el proyecto Initiative 2045[2] existen varios campos de investigación con gran número de problemas que aún se tienen que resolver. Veamos superficialmente estos problemas y algunas sugerencias en sus soluciones.

---

2. El lector encontrará la historia y los pasos del proyecto Initiative 2045 en mi libro *Inmortalidad: la vida en un clic*, publicado en Ediciones Robinbook en 2014.

¿Qué se entiende por un avatar? Parece que consideramos a un avatar a una especie de robot humanoide constituido por materiales de grafeno o silicio, un ser tecnobiológico con auténtica apariencia humana como los robots humanoides de Hiroshi Ishiguro. Pero puestos a construir un ser se pueden perfeccionar muchas de sus facultades. Es decir, sus características pueden variar en función de los objetivos a que se destine este avatar. Si va a ser destinado a la exploración del espacio puede modificarse su visión o su resistencia a la gravedad. En cualquier caso precisamos resolver el sistema de cómo transferiremos el cerebro y, si esta transferencia considera la necesidad de transferir, también, la consciencia.

TRANSFERENCIA DE UN CEREBRO A UN ORDENADOR

El funcionamiento del cerebro nos lleva a preguntas que no tienen respuesta. Es como en la cosmología cuando destacamos que nuestro Universo es consecuencia del *big bang*, pero inmediatamente hay quién nos pregunta ¿qué había antes del *big bang*? El cosmólogo contesta que posiblemente otros Universos, pero volvemos a lo de siempre ¿y antes de ese otro Universo que había? Los griegos decían que la Tierra se aguantaba sobre el caparazón de una tortuga, y cuando alguien preguntaba que había debajo de esa tortuga, contestaba que infinitas tortugas.

Hay aspectos de nuestra existencia que, por ahora, no tienen respuestas, y el funcionamiento del cerebro es uno de esos aspectos. Inicialmente recalcar que nos enfrentamos a dos incógnitas sin explicación. Ya he detallado en el capítulo primero cómo se activa una neurona para formar una red que se convierta en una acción de nuestro cuerpo. Sigue siendo un misterio cómo aparecen los iones que activarán el núcleo de la neurona y cómo su carga eléctrica sabré elegir los neurotransmisores adecuados para la acción precisa.

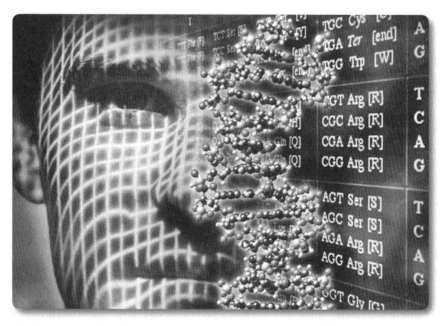

Cada átomo del cerebro actúa de acuerdo con los dictámenes de las leyes cuánticas.

La primera incógnita que se plantea es: ¿qué impulsa a este ión a activar la neurona? ¿Dónde estaba este ión y quién lo ha activado a él? ¿Por qué un ión de calcio o potasio se descarga para iniciar un pensamiento?

Esta es la primera característica que nos hace sospechar en la existencia de un proceso cuántico. La segunda pregunta que nos planteamos es ¿cómo sabe esta descarga eléctrica elegir el neurotransmisor adecuado entre más de 250?

Se desconoce lo que hace decidir a un impulso eléctrico actuar sobre una u otra vesícula, para que descargue este o aquel neurotransmisor que nos proporcionará alegría o irritación.

Esto nos lleva a sospechar que hay algo más que un impulso electroquímico, que existe un proceso cuántico que maneja esos iones iniciales. Podríamos considerar que los efectos cuánticos son relevantes en los procesos mentales. En realidad estamos hechos de partículas elementales. Cada uno de los átomos de nuestro cerebro y de nuestro organismos actúan de acuerdo con los dictámenes de las leyes cuánticas y, por tanto los átomos de nuestro cerebro están vinculados a cada uno de los átomos de cualquier lugar.

El pensamiento es algo inmaterial, un hecho mental que basa su existencia en procesos electroquímicos del cerebro ocasionados por iones que actúan sobre los núcleos de las neuronas. En definitiva, partículas cuánticas que generan energías que activan redes cerebrales que, a través de un ejército de neurotransmisores, nos hacen expresar ideas, emociones o violencia.

Los neurocientíficos y neurotecnólogos, aspiran a poder empaquetar la información y conocimientos que se generan dentro de nuestro cerebro en cuerpos más resistentes y con posibilidades de más duración que los frágiles esqueletos que nos sostienen envueltos en una inconsistente piel propensa a toda una serie de contagios, daños y enfermedades que penetran hasta nuestros órganos interiores.

Por ahora la carrera se desplaza en dos direcciones. Una, la creación de máquinas, robots, cada vez más inteligentes; la otra en la posibilidad de transferir nuestro cuerpo a avatares, seres artificiales inmortales.

Voy a ensayar una hipotética transferencia cerebral, sólo se trata de teoría, pero factible.

Tomemos un cerebro humano y dividámoslo en diferentes partes según las funciones que estas áreas desarrollan preferentemente. A cada zona conectamos un sensor, un total de 36, 38 o más. Estos sensores deberán estar conectados a un ordenador capaz de almacenar toda la memoria cerebral. A su vez hay una conexión con un cerebro simulado, con fibras que reproducen el conectoma del verdadero. Puede tratarse de un cerebro de nanomateriales, silicio o grafeno. Puede tratarse de una reproducción del original realizada en 3D. Este cerebro debe estar integrado en un ordenador. Una vez todo este proceso conectado pasamos a transferir la información de las diferentes partes del cerebro, hasta una emulación total. Este proceso nos lleva a la transferencia de la información de un cerebro a un ordenador, un BIC.

Pero el proceso está incompleto si no transferimos también las consciencia del individuo. ¿Dónde está la consciencia? Según Sir Roger Penrose está en los microtúbulos ubicados en el interior del núcleo de las neuronas y en sus dendritas o axiomas. Otros neurocientíficos sólo ven en estos microtúbulos proteínas, y los neurofísicos creen que la consciencia es cuántica. Indudablemente me sumo a una consciencia cuántica como ya he explicado en muchos libros.

EL PROBLEMA DE LA CONSCIENCIA

Un asunto es la IA y otro la consciencia artificial. Puede una máquina tener conocimiento consciente. No estamos hablando de transmitir un cerebro humano a un avatar, sino de crear en un ordenador con consciencia.

Se trata de dotar a una máquina de una capacidad de discernir entre algo razonable y algo completamente irrazonable. De que podamos comunicarnos con esa máquina y no sepamos distinguir si se trata de una máquina o un verdadero ser humano, una máquina capaz de superar el test de Turing.

La teoría de la información integrada de la consciencia se basa en dos axiomas: Primero, que la consciencia es muy informativa, el estado consciente descarta otros estados posibles. Segundo, la información consciente se halla integrada, recoge todos los detalles, es completa.

Podemos captar un animal con su esbeltez y belleza en el bosque y la vez emocionarnos por una puesta de sol que acontece tras él. ¿Puede una máquina integrar todas estas percepciones? Nuestra capacidad de consciencia confiere a cada imagen una identidad y distingue un sinfín de otras, nos permite ser conscientes del mundo que nos rodea.

Un ordenador no siente emociones ni sabe captar las incongruencias, ironías y sarcasmos de una película de Monty Python. Para ello, para detectar los sinsentidos de los diálogos o las escenas de esas películas, le haría falta un sinfín de módulos de programas informáticos especializados, imposibles de preparar por anticipado en previsión de las imágenes o diálogos concretos como esos.

En junio de 2013 se difundió que un programador de ordenador había superado el test de Turing. Pero al parecer sólo se trataba de una buena simulación de la capacidad humana. ¿Cómo sabemos si puede atribuirse pensamientos a las máquinas? ¿Qué es exactamente lo que se le atribuye a una máquina cuando se dice que piensa? ¿Cuál es la relación entre el entendimiento y la consciencia? ¿Cómo conocemos las emociones de otras mentes? ¿Puede una máquina crear empatía? ¿Qué criterios podemos tener para saber si son conscientes?

La filosofía se cuestiona si una máquina puede tener consciencia, si puede haber inteligencia sin consciencia. Recordemos que hemos definido la consciencia como saber que estamos en el aquí y ahora, tener noción de nuestra presencia en el presente, que existimos y que en cualquier momento podemos dejar de hacerlo. ¿Puede una máquina tener noción de estos hechos?

Por muy perfecta que sea una máquina no superaría un test de Turing dialogando con Woody Allen. Tampoco se emocionaría ante esa puesta de sol. La única forma de dotar de consciencia a una máquina, un robot o avatar, es transfiriéndole una mente humana con su consciencia.

Reflexiones sobre la consciencia

En mi último libro, *Inmortal: la vida en un clic*, abordo en un capítulo, el tema de la consciencia, y recuerdo que no sólo se pretende transferir todo los conocimientos e información que hay en el cerebro a un avatar, sino que es primordial que se incluya la consciencia. Sin consciencia ese avatar no sería más que una máquina que ha almacenado datos. La consciencia es la chispa de la vida, lo que nos hace ser, sentirnos en el presente. ¿Pero dónde está la consciencia? Es evidente que no parece estar en una parte material de nuestro organismo, es un todo, un todo cuántico.

Tal vez tengamos que volver a releer los Upanishad para interpretar la consciencia, y comprender que está en todas partes de nuestro cuerpo y fuera también, algo como aquel inconsciente colectivo del que nos hablaba Huxley.

Una visión más moderna de esta visión sería implicar a la consciencia con la teoría cuántica. Destacan los físicos Rosenblum y Kuttner que «no hay manera de interpretar la teoría cuántica sin encontrarse con la consciencia», ya que no podemos observar el mundo subatómico sin modificarlo, lo que se conoce como «colapso de función ondulatoria». Así que todo parece indicar que la consciencia opera en frecuencia cuántica.

Trataré de definir inicialmente que es la consciencia a nivel humano, ya que creo que muchas personas no experimentan este acontecimiento interior y se creen conscientes cuando, en realidad, llevan una vida automática, condicionada, mecánica.

La consciencia es esa sensación que tenemos de estar presentes ante un mundo exterior que nos rodea. Darnos cuenta que estamos aquí pero que hay un mundo, un universo fuera de nosotros. Así tenemos consciencia cuando nos damos cuenta de nuestras acciones, de lo que hacemos, de nuestros movimientos. Generalmente nuestros comportamiento y movimientos son mecánicos, no nos damos cuenta de las muecas de nuestra cara que transmiten alegría o disgusto, aún menos nos damos cuenta que respiramos o que nuestro corazón late mecánicamente.

Se podría decir que empezamos a ser conscientes cuando tomamos decisiones que hemos razonado y analizado. Somos conscientes cuando nos damos cuenta que somos un ente que está vivo, un organismo que camina, respira y, sobre todo, existe. Cuando percibimos que nuestra existencia es efímera, de que podemos morir en cualquier instante.

También somos conscientes cuando apreciamos nuestros sentimientos y emociones, cuando experimentamos estos hechos y los dominamos, no nos dominan ellos a nosotros.

Somos conscientes cuando nos damos cuenta que disponemos de un cerebro que está, en ese momento, desarrollando una actividad neuronal que nos permite decidir, que no es el cerebro el que decide por nosotros de forma automática basándose en informaciones y experiencias anteriores. Que decidimos nosotros.

Los científicos cognitivos Stanislas Dehaene y Bernard Baars han sugerido que los recuerdos, percepciones sensoriales, juicios y otros insumos se almacenan en un tipo de memoria a corto plazo denominada espacio de trabajo global. Este espacio da lugar a la consciencia cuando se transmite la información recogida a través del cerebro para estimular los procesos cognitivos que luego se acoplan al sistema motor, estimulando el cuerpo para la acción.

Stanislas Dehaene, el neurocientífico cognitivo francés que ha dedicado gran parte de su carrera al estudio de la psicología de la consciencia, acaba de publicar un libro[3] convincente en sus investigaciones sobre cómo se asigna el espacio de trabajo de modelo global en el cerebro.

---

3. *Consciousness and the Brain*, Viking Adult, 2014.

El cerebro humano es el único capaz de entender que existe un cosmos que nos rodea, o que hay infinitos números primos, o que las manzanas caen debido a la curvatura del espacio-tiempo, o de que la obediencia a sus propios instintos innatos puede ser moralmente incorrecto, o que él mismo existe.

Destaca el filósofo David Chalmers que la conciencia es un aspecto fundamental de nuestra existencia. También postula la idea que la consciencia podría ser universal y que todos los sistemas hasta las partículas elementales tienen grados de consciencia. Este punto de vista se denomina en filosofía panpsiquismo. Chalmers cree que la universalidad de la consciencia es lo que puede ayudar a salvar la brecha entre la consciencia y el mundo físico, en la ciencia. Stephen Hawking cree que la consciencia no está fuera del mundo físico, pero es el fuego en su corazón. Chalmers propone, además, que este «nuevo» punto de vista puede transfigurar nuestra relación con la naturaleza que lleva a profundas consecuencias sociales y éticas.

Todo parece indicar que el proceso de estudio de la consciencia es la clave de la comprensión del Universo y de nosotros mismos. Y esto nos lleva a suponer que las máquinas inteligentes nunca podrán existir de acuerdo con una variación de un modelo matemático que explica cómo nuestros cerebros crean la consciencia.

Durante la última década, Giulio Tononi de la Universidad de Wisconsin-Madison y sus colegas han desarrollado un marco matemático para la consciencia que se ha convertido en una de las teorías más influyentes en el campo.

Según su modelo, la capacidad de integrar la información es una propiedad fundamental de la consciencia. Argumentan estos investigadores, que en la mente consciente, la información integrada no se puede reducir en componentes más pequeños. Esto no necesariamente quiere decir que hay algo de magia en el cerebro, pero sí que implica que existen algunas fuerzas que no se pueden explicar físicamente. El tema de la consciencia es tan complejo que va más allá de nuestra capacidad de comprenderlo.

CAPÍTULO 11

TENEMOS UN PROBLEMA CON LOS ROBOTS

«Ahí fuera hay algo que nos está esperando... y no es humano.»

DE LA PELÍCULA *DEPREDADOR*.

«Tranquilo, sólo somos humanos.»

DE LA PELÍCULA *ROBOCOP*.

«Si sangra podemos matarlo.»

DE LA PELÍCULA *DEPREDADOR*.

«No sabrás cuando, pero te estaré vigilando.»

HARRY EL SUCIO

«No quiero conocer mi futuro, porque entonces dejaría de interesarme.»

CORTO MALTÉS, PERSONAJE DE HUGO PRAT, A UNA VIDENTE.

Bienvenido a la Agencia de los proyectos imposibles

Voy a dedicar este penúltimo capítulo a una de las agencias más secretas del mundo donde se desarrollan las más inverosímiles investigaciones en todos los campos de la ciencia, y muy especialmente en las tecnologías emergentes como la informática y la robótica. Me refiero a DARPA (Defense Advanced Research Projects Agency), la agencia responsable del desarrollo de nuevas tecnologías para uso militar.

Si usted es un investigador y recurre a DARPA para poder desarrollar un invento fantástico y casi de ciencia-ficción, tenga con toda seguridad que lo escucharán, y si los técnicos de la agencia ven una mínima posibilidad de desarrollar su idea, le adjudicarán un presupuesto y un lugar donde empezar a trabajar. Puede que su idea sea algo tan ilusorio como crear un explosivo que se acumula y se activa en un lugar y detona en otro; o una onda que paraliza mentalmente a miles de personas, o descabelladas propuestas como las del barón Munchausen. En DARPA alguien verá una aplicación militar y aprobará su desarrollo.

No es sencillo acceder a las investigaciones, proyectos y presupuestos de DARPA, cuando se intenta llegar, a través de la Red. Más allá de unos límites establecidos por la agencia te anuncia amablemente que no estás en la *bigot list* y que no tienes acceso a lo que ellos denominan información sensible.

DARPA se creó en 1958, sus casi 300 técnicos tienen la misión de mantener a Estados Unidos por delante de sus enemigos tecnológicamente, misión que les permite manejar un presupuesto oficial de 2.000 millones de dólares. Presupuesto que distribuye en los proyectos innovadores que le ofrecen diferentes empresas del país. Pero esta cifra es solo la oficial, nunca sabremos cuanto destina DARPA a sus investigaciones y de que otros Departamentos del Estado surge el dinero. Aunque no está muy claro vemos que la Agencia invierte 70 millones de dólares para investigar en implantes cerebrales capaces de regular las emociones de enfermos mentales. Lo que no se explica es que igual que se puede regular las emociones a enfermos mentales, también se pueden regular a un comando de soldados en una misión especial. Hace poco DARPA anunció el inicio de un periodo de cinco años en los que se realizaría una inversión de 26 millones de dólares para implantes cerebrales de estimulación profunda. Y también recibió 40 millones del Proyecto Cerebro, impulsado por Obama, para gastar en Neurotecnología Innovadora. Es evidente que las preferencias actuales en investigación en DARPA están enfocadas en neurotecnología y robótica.

DARPA se divide en varias oficinas cada una especializada en unas determinadas investigaciones, de las que expondré un breve resumen. Está la Oficina de Tecnología Avanzada, que trabaja en proyectos especiales, aseguramiento de la información y misiones de supervivencia. La Oficina de Ciencias de la Defensa es la encargada de buscar la tecnología más novedosa. También dispone de la Oficina de Tecnología en Procesamientos de Información, enfocada en invenciones de redes, sistemas, computación y software. La Oficina de Explotación de Información desarrolla tecnología de detección, información, especialmente en el campo de batalla. La Oficina de Tecnología en Microsistemas, trabaja en la defensa de ataques biológicos, químicos, etc. La Oficina de Proyectos Especiales es una de las más interesantes, ya que confronta desafíos en todos los campos emergentes de la investigación, desde las armas de destrucción masiva, hasta las más novedosas tecnologías espaciales, incluidos los prototipos de robots. Dos oficinas más cierran el organigrama de DARPA, la Oficina Tecnológica Táctica de investigación militar avanzada, y la Oficina Conjunta de Sistemas de Combate Aéreo No Tripulado.

Los proyectos de DARPA son siempre muy futuristas, como investigar la invisibilidad, la IA, los robots líquidos, los submarinos voladores, o las bombas atómicas de mochila. En la actualidad sus proyectos conocidos en activo relacionados con la robótica son los siguientes:

- X-37b - Transbordador espacial robotizado sin tripulación de pequeño tamaño fabricado por Boeing, que fue puesto en órbita en abril de 2010 utilizando un cohete de grandes dimensiones Atlas V para realizar experimentos científicos secretos.
- Integrated Sensor Structure, programa dedicado al desarrollo de sensores.
- «Cognitive Assistant that Learns and Organizes», investigación en el desarrollo de *Software*.
- EATR, robot táctico energéticamente autónomo.
- High Productivity Computing Systems. Investigación en el campo de los ordenadores.
- Exoesqueleto humano alimentado por baterías.
- Control remoto de insectos.
- DARPA SilentTalk. Un programa capaz de identificar patrones EEG de palabras y capaz de transmitirlos para comunicaciones encubiertas.
- XOS. Exoesqueleto militar.

ROBOTS ASESINOS

Los ingenieros de DARPA, la agencia de investigación futurista del Departamento de Defensa, se esfuerzan en construir aviones no tripulados que imitan el tamaño y el comportamiento de los insectos. ¿Quién puede sospechar de un coleóptero gigante que revolotea en nuestro entorno? Estos insectos-drones, se convierten en excelentes espías e informadores del terreno en el que las tropas van a penetrar. Avisa de lo que hay a 500 metros delante y a distancias mayores. Pero también, estos micro-vehículos aéreos, controlados y seguidos por pantallas a distancia, no son sólo vigilantes, también practican los asesinatos selectivos.

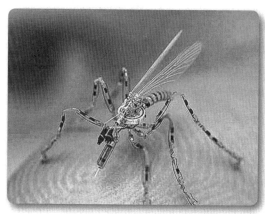

Los insectos-drones pueden ser excelentes espías e informadores.

Estos artilugios ofrecen discreción, son penetrantes y letales, en resumen mejoran, militarmente, la capacidad de los futuros comandos en los combates. Las capacidades de estos nuevos guerrilleros son impensables. En las guerras la información de la disposición del enemigo, sus enclaves, los edificios que ocupa, son datos vitales. Estos robots espías reúnen todas las ventajas posibles, sus cámaras lo otean todo, de día y de noche, pueden permanecer estáticos en el aire o posarse en superficies planas incluso de forma invertida.

¿Pueden los robots tener el poder de la vida y la muerte? ¿Deben acatar la Declaración Universal de los Derechos Humanos? En noviembre del 2014 hubo una convocatoria en las Naciones Unidas de Ginebra para tratar el inquietante tema de los robots asesinos, denominados por esta comisión: armas autónomas letales. La preocupación es doble, ya que son nuevas armas que cambiarán las reglas de la guerra.

Los profesores Ronald Arkin y Noel Sharkey, apoyados por 52 organizaciones con el lema de «stop Killer Robots», fueron los responsables de tratar este tema que parece de ciencia-ficción pero que ya es una realidad evidente y un peligro que nos empieza a acechar. ¿Quién nos asegura que no subirá en un autobús u otro transporte un robot de semblante humano, como los producidos por Hiroshi Ishiguro, ocultando en su interior una carga explosiva letal?

Tenemos que entender como robots asesinos ciertas máquinas autónomas capaces de identificar objetivos sin la intervención humana y eliminarlos. En realidad son armas que aún no se han construido, pero que ya están en los programas de muchas empresas de armamentística y en los proyectos de DARPA.

Sharkey, presidente del Comité Internacional para el Control de Armas Robóticas, ya ha advertido que con este tipo de armas autónomas no se puede garantizar que respeten los derechos humanos internacionales. El desarrollo de estas armas supone un gran riesgo para la humanidad.

Arkin destaca que los robots asesinos podrían ayudar a reducir las bajas no combatientes, ya que pueden tener incorporada una función de elección, incluso hay quien opina que estas nuevas armas robóticas ofrecen un futuro en el que se maten los robots y no las personas. Arkin propone una moratoria en la construcción de estos robots, hasta que se establezcan unas normas internacionales. Sin embargo, las grandes multinacionales de armas y los gobiernos no parecen dispuestos a aceptar esa moratoria, por otra parte algunos países no están de acuerdo en respetar esas normas.

Ya el Consejo de Derechos Humanos de la ONU se ha hecho eco de los peligros éticos que estas máquinas pueden plantear. Muchos juristas, que saben que es imposible detener la construcción de estos robots defienden que no deberían tener el poder de la vida y la muerte de los seres humanos. El objetivo es que no se lleguen a desarrollar armas con capacidad para decidir matar o no matar. Un objetivo muy difícil de conseguir, ya que siempre habrá quien lo incumplirá. El ejemplo lo tenemos en los gases letales que aún se almacenan en muchos países, y que pese a la prohibición de su uso, hemos visto como el régimen de Siria los ha utilizado contra las revueltas de su propia población.

Los drones antiterroristas con control remoto han realizado asesinatos selectivos, nada va impedir que esto siga ocurriendo. El dron Harpy israelí está programado para atacar automáticamente emisores de radar, sin considerar si hay gente en su entorno manejándolos o custodiándolos. La Northrop Grumman, ha creado el x47-B, dron autónomo que aterriza y despega solo. China por su parte ha creado el Anjian (Espada Negra), un dron autónomo.

LOS ROBOTS TIENEN EL FUTURO MILITAR GARANTIZADO

En el caso más optimista considero que los robots tienen el futuro militar garantizado. Sus funciones pueden ser muchas y variadas, desde combatir a limitarse solamente a patrullar perímetros de seguridad de las bases militares. Pero también son muy útiles para desmantelar bombas y operar en guerra bioquímica. Pueden ahorrar vidas y también pueden causar bajas efectivas al enemigo.

Ya se han realizado en diferentes bases militares demostraciones de robots disparando armas de fuego incorporadas. También se ha demostrado como los vehículos robotizados pueden marchar en formación, transportando materiales sin necesidad de exponer vidas humanas.

Muchos robots militares son creados por DARPA, pero también está creando este tipo de robots la Boston Dynamics, empresa que compró Google y que tuvo que aceptar, para su adquisición, la finalización de los contratos que tenía con el Departamento de Defensa. No está dentro de la política de Google la fabricación de robots para la guerra, pero en este caso ha tenido que claudicar con condiciones que ya estaban establecidas antes de la transición comercial.

Rusia ya utiliza los robots en sus Fuerzas Armadas de Misiles Estratégicos. Robots móviles montan guardia en cinco instalaciones de misiles balísticos con capacidad de detectar y destruir objetivos sin la intervención humana. Estos robots han sido desarrollados por Izhevsk Radio Plant, empresa ubicada al este de Moscú. Se trata de robots de 900 kilogramos de peso equipados con cámaras, telémetro láser, y una ametralladora de 12,7 mm, que alcanza 45 km/h y tienen una autonomía de 10 horas. Se les conoce como «complejo de robótica móvil».

La política rusa es armar robots, por lo que está apoyando el desarrollo de esta industria en su país y la financiación de investigaciones para no quedarse atrasada en esta tecnología.

Estados Unidos los ha utilizado a miles en Afganistán, vehículos terrestres no tripulados (UGVS) que desactivaban bombas y drones de observación y ataque. DARPA, ha desarrollado un vehículo blindado autónomo, con el nombre de Crusher (Aplastador). Este vehículo de siete toneladas es capaz de aplastar todo lo que se interponga en su camino. Israel ha creado Guardium, que patrulla y tiene capacidad de disparar; y Corea del Sur

El crusher (Aplastador)

ha puesto en marcha el Samsung SGR-1 que también patrulla por la frontera con Corea del Norte. Finalmente están las creaciones de la Boston Dynamics que desarrollo BigDog y Wild-Cat dos robots capaces de moverse por terrenos escarpados.

¿Y SI UN ROBOT ENLOQUECE?

Se dice de un individuo que «se le han cruzado los cables» cuando enloquece, cuando empieza a cometer acciones delirantes. Ante este hecho es necesario llamar a una ambulancia y transportarlo a un hospital donde los neurólogos y psiquiatras determinarán el grado de su enfermedad.

Imaginemos que a quien se le han «cruzado los cables» es a un poderoso robot de casi tres metros de altura. Hay que aislarlo, impedir que pueda recargar sus baterías y esperar hasta que estas se agoten. Pero ese poderoso robot puede estar dotado de IA, puede tener unos objetivos concretos y convertirse en un elemento francamente peligroso ante los frágiles seres humanos.

No nos engañemos, un robot está expuesto a averías que alteren su comportamiento, sus programas. Una explosión solar que deja sin luz una zona de la Tierra, puede alterar los programas de miles de robots. Los robots también están expuestos a alteraciones de la naturaleza, desde explosiones solares a modificaciones de los campos magnéticos.

En mayo de este año, la marina de los Estados Unidos ofreció 7,5 millones de dólares a cualquiera que pueda construir un robot inteligente de combate que pueda distinguir entre el bien y el mal. Pero no es tan fácil construir un robot con razonamiento moral. Se puede programarlo en lo que es correcto o incorrecto, por lo menos es lo que aseguran los técnicos de Rensselaer Polytechnic Institute.

Evidentemente se puede programar a un robot siguiendo las leyes de Asimov, pero ¿y si ese robot es atacado por otro robot que le dispara? Se podría decir que en ese caso podría defenderse y destruir a su atacante. ¿Pero y si el que ataca con un arma que lo puede destruir es un ser humano? ¿Debe dejarse destruir? Muchos constructores de robots no aceptarán esta posibilidad, tampoco los gobiernos de muchos países. La construcción de robots militares nos lleva a una espiral sin límites e imparable.

Noel Sharkey, experto en robótica e IA, destaca que no cree que se lleguen a construir robots morales o éticos, ya que «para eso deberían tener albedrío moral, entender a los demás y saber que es sufrir».

Según mi criterio el peligro está en delegar la decisión de matar a una máquina. Tenemos que asegurarnos que ninguna máquina pueda tomar decisiones de matar. Me pregunto si algún día el problema que tendremos es que estas máquinas puedan enloquecer, no sólo los robots militares, sino también los civiles. ¿Imaginan un coche robótico como los que está diseñando Google enloquecido y saltándose los semáforos y atropellando a los viandantes? ¿O transportándonos a un destino que no es el solicitado y que puede ser un barrio de venta de

Noel Sharkey

drogas? Recuerdo cada vez que me subo en un ascensor programado aquella película *El ascensor*, en la que dicho montacargas se volvía loco y asesinaba a todos aquellos que lo utilizaban.

Posiblemente tendremos que desarrollar una nueva disciplina de la tecnomedicina, una especie de «robot psiquiatría», que detectaría cualquier síntoma en un robot que revelase que algo no funciona bien en su programación y lo puede llevar a realizar actos no previstos que pongan en peligro la vida de los humanos que lo rodean.

No nos engañemos, empezaremos a toparnos con robots estos próximos años y este acontecimiento en nuestras vidas es un problema que también está originando discusiones dentro del tema moral y ético.

¿Pueden surgir robots asesinos? Ante el despliegue de robots inteligentes en el campo de batalla, los gobiernos se han comprometido a observar más de cerca los problemas que plantean estas armas. Ya se han producido diversas polémicas por las matanzas originadas por los drones, pero detrás de un dron, siempre hay alguien que lo maneja. En el caso de los robots la autonomía será cada vez más grande y ante este dilema hay quienes plantean como primer término una prohibición total o antes de que incluso hayan sido construidos una moratoria.

LOS ROBOTS SERÁN LAS PEORES ARMAS MORTÍFERAS

Los gobiernos que forman parte de la Convención sobre Armas Convencionales (CCW) se reunieron en Ginebra el 2014 para discutir los temas relacionados con los llamados «sistemas de armas letales autónomas», también conocidos como «robots asesinos».

Los robots también serán las peores armas mortíferas. Hoy los ejércitos modernos ya disponen de una amplia gama de vehículos robotizados: drones que atacan desde el aire, vehículos robóticos que detectan minas, y minirobots capaces de entrar en lugares imposibles y espiar al enemigo retransmitiendo en imágenes un panorama interior del lugar que se piensa asaltar.

Las grandes batallas serán dirigidas y controladas desde búnkers a miles de kilómetros del lugar de los hechos. Participarán drones de todos los tamaños, explotarán misiles procedentes de silos alejadísimos, en tierra lucharán androides cada vez más perfeccionados.

Los militares han descubierto las ventajas de los robots integrados en el Ejército y en la guerra: no necesitan comida o paga, no se cansan y ni necesitan dormir, siguen las órdenes de forma automática, no siente miedo, etc. Y no necesitan funerales con o sin honores si son destruidos.

Los drones precisan un piloto, alguien que toma decisiones sobre cuándo se debe disparar un misil. Pero, ¿qué ocurrirá cuando surja una generación de robots que tomen sus propias decisiones? Es decir, que decidan dónde atacar y a quién matar. Y esta generación de robots la tendremos antes de una o dos décadas.

Los gobiernos han visto que las armas totalmente autónomas plantean serias preocupaciones éticas y legales, y que es preciso establecer una normativa. Los expertos creen que a las máquinas no se les debería permitir tomar la decisión de matar a la gente. Y se apoya la necesidad de que siempre estén bajo el control humano como una garantía absoluta de supervisión humana. Aunque todos sabemos que, en ocasiones, los seres humanos se vuelven tan salvajes y crueles como algunas especies de animales.

Lo que parece imposible es acordar una moratoria, porque siempre habrá alguien que la incumplirá y creará robots de combate.

Por otra parte nunca se podrá realizar una rendición de cuentas a un robot. No se le puede culpar de lo que ha sucedido en el campo de batalla. Ni nadie puede garantizar que un robot no será *hackeado*, o que una bala atraviese su armadura y trastorne su ordenador, o que lleve un error humano en la codificación.

El campo de batalla es cada vez más tecnológico. Las guerras modernas ya no precisan miles de soldados desembarcando en una playa, como el día D, y ser barridos por las ametralladoras nazis parapetadas en los nidos y búnkers de la costa. En Normandía los generales valoraban más un vehículo o un tanque, que un soldado. Por el hecho que soldados tenían todos los que querían. Hoy las bajas en combate de soldados americanos minan el desprestigio de un presidente y le arrebatan votos en las próximas elecciones.

LAS LEYES DE ASIMOV SIGUEN VIGENTES

Por otra parte la IA, hoy está limitada, pero mañana no tendrá límites. Los robots y la IA están desempeñando un papel cada vez más grandes en la sociedad. Por esta razón igual como se crearon reglas sobre el trato de los prisioneros de guerra, algo que no respetó ningún bando, especialmente los nazis y los japoneses, es necesario crear un conjunto de reglas, un marco moral, para gobernar la IA y los robots. Recordemos que Isaac Asimov ya estableció tres leyes:

1. Un robot no debe dañar a un ser humano o, por inacción, permitir que un ser humano sufra daño.
2. Un robot debe obedecer las órdenes dadas por los seres humanos, excepto cuando tales órdenes entren en conflicto con la Primera Ley.
3. Un robot debe proteger su propia existencia, hasta donde esta protección no entre en conflicto con la primera o segunda ley.

La doctora Joanna Bryson de la Universidad de Bath cree que las leyes no las tenemos que imponer nosotros, sino los fabricantes de los robots y que «tenemos que tomar la decisión para que los robots se coloquen dentro de nuestro marco moral». Es evidente, entre otras cosas, que debe existir una ética de los fabricantes y evitar que los robots puedan ser diseñados de manera engañosa para explotar los usuarios vulnerables, sino que su naturaleza la máquina debe ser transparente.

WEB WARRIOR

Los soldados son llevados a sus límites físicos en sus misiones. Las operaciones militares requieren velocidad y resistencia de sus hombres y pese a su entrenamiento, en el futuro, cualquier

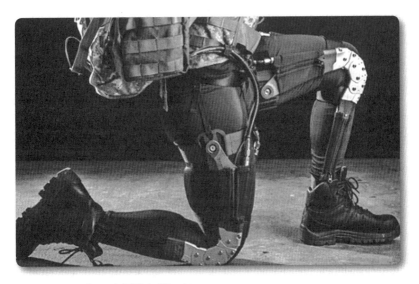

El traje experimental Web Warrior

robot será mejor. Incluso en combate un robot tendrá muchas más probabilidades de disparar y acertar a su enemigo que un humano. Otro de los inconvenientes es la carga que debe llevar un soldado y las lesiones músculo-esqueléticas que producen en lugares que dejan inoperativo al soldado, como son el tobillo, la rodilla, la cadera, etc. DARPA ha desarrollado el denominado programa Web Warrior que aborda este problema. Se trata de un exoesqueleto adosado al cuerpo que estabiliza y reduce las tensiones permitiendo movimientos seguros, y dándole al soldado la sensación de que la carga es más ligera.

El exoesqueleto de Web Warrior permite recorrer en menos tiempo los objetivos de los soldados, ya que incorpora componentes como motores y resortes que van integrados en el traje que potencian los músculos de las piernas. Web Warrior también lleva incorporado equipos —pulseras o camisetas— que informan sobre las constantes del soldado.

Equipos que se han convertido en la última moda de tecnología comercial lanzada por Wearable Technologies. Trajes con sensores que miden los latidos del corazón, la presión arterial y otros aspectos. Una serie de datos para aquellos que viven pendientes de sus pulsaciones y presión, un estilo de vida algo hipocondríaca pero para alguno psicológicamente eficaz.

Regresando a los soldados y su carga, se evidencia que pese a un traje adecuado el problema es la gran cantidad de carga que, a veces, tienen que transportar por terrenos de difícil acceso. Para eso, DARPA, ha desarrollado robots cuadrúpedos capaces de transportar esa carga por los caminos y pendientes más abruptas.

La necesidad de trajes especiales que eviten lesiones forman parte de los equipos cada vez más sofisticados que llevan los soldados: munición especial de varias clases, gafas para visión nocturna, chalecos antibalas y material electrónico necesario para la misión.

Nuevamente el peligro de leer el cerebro humano

A través de una serie de microelectrodos impresos en plástico, de 6,5 milímetros de lado, sin necesidad de invasión interna del cerebro, adosados en la superficie del cráneo, se han podido conocer pensamientos humanos.

El Investigador José Carmena, comenzó sus experimentos con monos macacos, a los que implantó electrodos en el cerebro para controlar la actividad neuronal. En la actualidad, gracias a un programa 70 millones de dólares, financiado por los militares de EE.UU., Carmena investiga en la utilización de implantes en el cerebro para leer, y poder controlar las emociones de las personas con enfermedades mentales.

La Agencia de Proyectos de Investigación Avanzada de Defensa, DARPA, dotó recientemente con dos importantes contratos al Hospital General de Massachusetts y la Universidad de California, San Francisco, con el fin de que investigasen en la creación de implantes cerebrales eléctricos capaces de tratar siete enfermedades psiquiátricas, incluyendo la adicción, la depresión y el trastorno límite de la personalidad .

Se trata de una ampliación sobre los conocimientos del funcionamiento del cerebro; el desarrollo de sistemas microelectrónicos que pueden ser introducidos en el cerebro. Ya que existen pruebas contundentes de que los pensamientos y acciones pueden ser alteradas con impulsos eléctricos en el cerebro.

Destaca el profesor Carmena[1] que si una persona tiene adicción al alcohol, se podría detectar esa sensación y estimular el cerebro para evitar que suceda.

Hoy en día, en los EE.UU. los medicamentos y las terapias de conversación son de uso limitado, por lo que DARPA está recurriendo a dispositivos neurológicos, ya que las redes del cerebro en enfermedades neuropsiquiátricas pueden medirse gracias al desarrollo de nuevas tecnologías. Y esto es lo que se investiga con uno de los presupuestos de DARPA.

La investigación se basa en un pequeño pero rápidamente creciente mercado para los dispositivos que funcionan mediante la estimulación de los nervios, tanto en el interior del cerebro y de fuera de ella. Más de 110.000 pacientes de Parkinson han recibido estimuladores cerebrales profundos construidos por Medtronic que controlan temblores en el cuerpo mediante el envío de impulsos eléctricos en el cerebro. Más recientemente, los médicos han utilizado este tipo de estimulantes para tratar los casos graves de trastorno obsesivo-compulsivo. En noviembre pasado, la Food&Drug Administration

---

1. Profesor de la Universidad de Berkeley, California..

de EE.UU. aprobó NeuroPace, el primer implante de estimulación cerebral. Se utiliza para vigilar los ataques de epilepsia y luego detenerlos con impulsos eléctricos.

Los investigadores dicen que están haciendo rápidas mejoras en la electrónica, incluyendo computadoras pequeñas injertables. Bajo su programa, Mass General trabajará con Draper Laboratories en Cambridge, Massachusetts, para desarrollar nuevos tipos de estimuladores. El equipo de la UCSF está siendo apoyado por la microelectrónica y los investigadores inalámbricas en la Universidad de Berkeley, que han creado varios prototipos de implantes cerebrales miniaturizados.

Algunos rumores dicen que en los setenta el Pentágono financió un proyecto para relacionar ciertos gráficos de ondas cerebrales con ciertos pensamientos con el fin de que fuera posible a través de un equipo leer los pensamientos de una persona a cierta distancia, siempre con fines defensivos.

Lo que se cuece en la marmita de DARPA

Los técnicos de DARPA aseguran con optimismo referente a las nuevas tecnologías: «Es un buen momento para desarrollar las tecnologías para el cerebro».

Así que se centran en investigaciones de «interfaces cerebro-ordenador afectivos», es decir, dispositivos que alteran los sentimientos, que regulen las emociones, algo así como una próxima generación de estimuladores cerebrales psiquiátricos.

Inicialmente sus aplicaciones son curativas, ya que se investiga, según Darin Dougherty psiquiatra que dirige la división de Mass General de Neurotherapeutics, en eliminar el miedo en veteranos con trastorno de estrés postraumático. Un objetivo loable en principio.

Se sabe que el miedo se genera en la parte de la amígdala, uno de los lugares del cerebro involucrados en la memoria emocional. Pero puede ser reprimida por las señales en otra región, la corteza prefrontal ventromedial. Lo que se pretende es decodificar la señal en la amígdala que muestra hiperactividad, entonces estimular la otra parte para suprimir que el miedo.

Pero estas investigaciones también pueden llevar a la creación de seres sin ningún temor, capaces de arriesgar su vida sin ningún tipo de emoción. Seres robóticos, apáticos y psicópatas.

Son investigaciones que desarrolladas bajo el prisma militar no está exenta de connotaciones siniestras. En la década de los setenta, el neurocientífico de la Universidad de Yale José Delgado mostró que puede hacer que las personas sientan emociones, como la relajación o la ansiedad, con el uso de implantes que llamó *stimoceivers*. Hay que recordar que Delgado, también financiado por el ejército, dejó a los EE.UU. después de que el Congreso de EE.UU le acusase de desarrollar dispositivos de control mental «totalitarios».

Estos implantes controlarían enfermedades pero también podrían servir para el control de actitudes humanas, una forma de dominar a los rebeldes. Dictaduras donde las detenciones tienen como objetivo la implantación de chips en los opositores para dominarlos.

DARPA sabe que quien conozca antes el cerebro humano y logre dominarlos, dominará el mundo.

NOMBRE CLAVE: SINAPSIS

Sinapsis, «Sistema de Neuromórfica Adaptativa Plastic Scalable Electronic» es el nombre clave de un proyecto del DARPA que trata de simular el cerebro humano.

Así, DARPA, ha conseguido progresos importantes mediante la creación de componentes sinápticas electrónica a escala nanométrica, componentes que son capaces de colocarse entre las conexiones de dos neuronas de una manera análoga a la que se observa en los sistemas biológicos. El equipo de DARPA busca crear un hardware más avanzado, una herramienta de simulación y entornos de formación para descubrir cuáles son las capacidades de este tipo de sistema y cómo se podrían utilizar en el futuro.

Con ello se conseguiría mayor potencia de cálculo y la ventaja de poder ir ampliándolo, es decir aumentando su tamaño y, en consecuencia, su poder.

Se podría realizar cálculo probabilístico a velocidades imposibles, así como procesamientos de señales no convencionales para la explotación de datos de los Servicios de Inteligencia. Es decir, una vez más topamos con los fines militares.

En esta misma línea de computación, cabe destacar el programa VAPR, que busca crear un sistema que puede autodestruirse cuando reciba una señal específica o situaciones de riesgo. Algo así como la grabadora de instrucciones de *Misión Imposible*, que advertía: «Si usted decide aceptar esta misión esta grabación se autodestruirá en 10 segundos».

¿Por qué hay equipos que se puedan autodestruir? Sencillamente, porque ahora todos los soldados en el campo de batalla llevan una gran cantidad de productos electrónicos que el gobierno de EE.UU. no quiere que caigan en manos del enemigo, donde podrían ser copiados. La solución es su inutilización inmediata o autodestrucción.

Ya no es tu cerebro

¿Recuerdan la escena en que Mefistófeles después de pactar con Fausto que le entregaría su cuerpo tras la muerte a cambio de ser joven durante esta vida, lo persigue por la sala y le dice?: «Y ahora para garantizar el pacto, un pedacito de papel para firmar, y como tinta, unas gotas de sangre».

El soldado del futuro tendrá que permitir que en su cerebro puedan colocar cualquier tipo de conexión o chip. También permitir que le exploren la mente en programas de Detección y Análisis Computacional de Señales Psicológicas (DCAPS), que tiene como objetivo desarrollar nuevas herramientas analíticas para evaluar el estado psicológico de los combatientes, con la esperanza de mejorar su salud psicológica y que poder intervenir a tiempo ante cualquier anomalía. La DCAPS tiene como objetivo ser capaz de detectar signos de trastorno de estrés postraumático u otros problemas psicológicos en los soldados que regresan de lugares dónde han estado combatiendo.

Este programa computarizado estudia a través de preguntas, alimentación, patrones de sueño, las interacciones sociales, comportamientos sociales, expresiones faciales, postura del cuerpo y el movimiento del cuerpo, al individuo. No realiza diagnósticos específicos, pero identifica las señales que podrían ser indicativas de riesgo para problemas de trauma o de salud psicológica. No cabe duda que DCAPS también será muy útil para los psicólogos y psiquiatras, evitando semana escuchando al cliente tumbado en el sofá.

Desde un punto de vista externo, vemos que un soldado voluntario se convierte en un individuo cuya mente ya no le pertenece, y cuyos datos personales serán almacenados, perdiendo de este modo su intimidad. Se resume en: «Nosotros te instruiremos, pero firma aquí, "una hojita de papel" y danos tu mente».

Estos programas son sólo una pequeña parte de las investigaciones que DARPA está realizando en computación avanzada. Están en la vanguardia de procesamiento del lenguaje natural, la ciencia cuántica, aprendizaje automático, el análisis de datos masivos, el borrado de memoria de un individuo, etc.

¿Hasta qué punto es ético borrar la memoria?

Entre las investigaciones de DARPA está el estudio del borrado de memoria de un individuo. Dicen que se trata de un procedimiento que ofrece grandes ventajas curativas para aquellas personas que arrastran un trauma o un estrés postraumático. Incluso en delincuentes encarcelados que quieren olvidar arrepentidos sus delitos y emprender una nueva vida, una nueva vida que nadie garantiza que vaya a estar guiada por un comportamiento mejor.

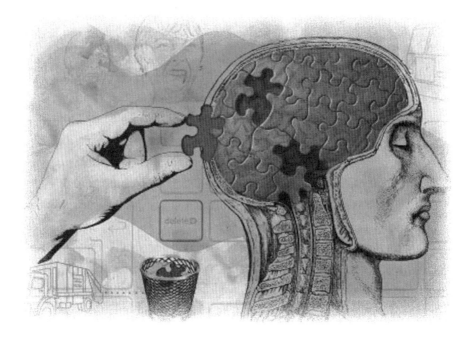

El eliminador de recuerdos está basado en un inhibidor denominado ZIP que inhibe una enzima (catalizador biológico) cerebral llamado PKM zeta, que elimina el recuerdo. Eliminar los recuerdos es algo que siempre se ha soñado en la literatura, especialmente entre los dioses y semidioses de la mitología. Incluso algunas tribus del Brasil o África, en sus ritos de iniciación dan drogas que hacen olvidar la infancia de los iniciados, pero también ocasionan lesiones cerebrales, como es el caso de los zombis de Haití.

Al margen de los planteamientos éticos, ¿quién garantiza que los militares no utilicen a un soldado en una misión éticamente prohibida y, luego a su regreso le borren la memoria de forma que no recuerde lo que ha hecho? ¿Quién tiene derecho a borrar operaciones violentas, crímenes de guerra o magnicidios? Borrar recuerdos es vivir sin las consecuencias de los actos que se han cometido.

El futuro nos ofrece avances que pueden ser beneficiosos y que también se pueden utilizar para cometer actos inmorales. Podemos constituir muchos comités de ética, moral y justicia, pero siempre habrá gobiernos que utilizarán estos adelantos con otros fines que no son precisamente el sanar.

Los implantes electrónicos en el cerebro pueden curar con sus estimulaciones el Alzheimer y el Parkinson, restaurar en soldados heridos en traumatismos cerebrales su memoria perdida, pero también pueden llevar al mundo a una situación de pesadillas con ejércitos de individuos circulando por la ciudades que, dirigidos por sus implantes, sólo tienen la voluntad de asesinar a todo el que se encuentren en su camino.

CAPÍTULO 12

ROBOTS DE CELULOIDE

Ley Primera: *Un robot no debe dañar a un ser humano o, por su inacción, dejar que un ser humano sufra daño.*

Ley Segunda: *Un robot debe obedecer las órdenes que le son dadas por un ser humano, excepto cuando estas órdenes están en oposición con la primera Ley.*

Ley Tercera: *Un robot debe proteger su propia existencia, hasta donde esta protección no esté en conflicto con la primera o segunda Leyes.*

LEYES DE ASIMOV EN *YO ROBOT*

Robots y científicos malvados

No quiero terminar este libro sin hacer un breve recorrido por los robots con los que nos ha sorprendido el cine, una colección de seres metálicos y biosintéticos que dentro de su ficción, han sido, en algunos casos, superados por la realidad. Advertir que muchos de ellos fueron creados por imaginativos novelistas de ciencia ficción, cuyas obras fueron adaptadas a la gran pantalla.

Hollywood nos recreó con los primeros robots antes de que estos se convirtiesen en realidad e invadiesen la vida humana. Cuando nuestra civilización se entusiasmaba con los muñecos mecánicos, la industria cinematográfica nos sorprendía con auténticos robots inteligentes y casi humanos.

La ciencia-ficción cinematográfica ha ido por delante de la industria robótica, pero en algunos aspectos la industria robótica casi está alcanzando los pronósticos más futuristas, especialmente en todo aquello que se refiere a la transferencia de un cerebro a una máquina. Hoy ideas tan increíbles como las de avatar, se barajan y se estudian en laboratorios como CALICO (California Life Corporation) de Google y otros socios, o DARPA del Departamento de Defensa de EE.UU. en cuyos laboratorios se fabrican robots guerreros y también robots asesinos inspirados en *Terminator*.

Las primeras incursiones de la robótica en el cine las tenemos en la película *The Mechanical Man* (1921) y posteriormente en películas como *Metrópolis* y *Planeta Prohibido*. En *Metrópolis* aparece la primera mujer-robot y las primeras tentativas de sexorobótica con la presencia de la malvada María, un robot femenino creado por el doctor Rotwang para manipular a los líderes de los sindicatos de trabajadores. En *Planeta Prohibido* aparece el robot Robby, creado por el doctor Morbius, que incorpora, cuando aún no habían sido ideadas por Asimov, una de las leyes fundamentales que deberían incluir los *software* de todos los robots: «No matar ni hacer daño a ningún ser humano». En *Planeta Prohibido*, vemos que pese a ser Morbius el creador de Robby, este se niega a obedecerlo cuando se le ordena que mate a un ser humano. Lamentablemente los drones actuales, que podemos considerar como robots aéreos, cometen crímenes impunemente obedeciendo las órdenes que se les da a distancia.

En *Metrópolis* como en *Planeta Prohibido*, María y Robby, son creados respectivamente por profesores «chiflados» como el doctor Rotwang y el doctor Morbius, eran los tiempos en los que el malo de la gran pantalla siempre era un científico malvado. Otro tanto ocurría en los cómics y novelas, como era el caso del doctor Zardoz en Flash Gordon, o el doctor Moreau de H. G. Wells en *La isla del doctor Moreau*, donde no se fabricaban robots pero sí terribles criaturas como consecuencia de la vivisección practicada por el doctor Moreau. El peligro, radicaba entonces, en científicos solitarios que creaban monstruos, robots o sistemas para alcanzar el poder. Hoy se puede decir que es casi imposible que un robot pueda ser desarrollado por un solo individuo. Los robots actuales son consecuencia de un equipo con ingenieros, informáticos, físicos e incluso neurofísicos.

En *El mago de Oz* tenemos un rudimentario personaje constituido de hojalata dorada, es un debutante robot del cine de fantasía que tiene un lejano parecido con C-3PO de *Star Wars*. En *El mago de Oz*, es simplemente el hombre de hojalata, una construcción metálica sin ningún componente electrónico ni programa informático.

El primer robot con poder que aparece en la gran pantalla lo trae la película *Ultimátum a la Tierra* o *El día que se detuvo el mundo*, el visitante extraterrestre está acompañado por un robot de cuatro metros que se llama Gort. Este imbatible robot está dotado de un cañón de rayos láser, un arma increíble para aquellos tiempos que hoy ha terminado siendo realidad.

En *Las poseídas de Stepford*, por si no fuera suficiente con una esposa, se han construido copias robóticas de ellas, eso sí, más dóciles, sumisas y fieles a sus maridos, no deja de tener este film un grado de machismo. Y en *Guía del autoestopista galáctico,* el androide Marvih es capaz de recomendar un buen restaurante para cenar en la otra punta de la galaxia.

Yo Robot, UN CLÁSICO POR EXCELENCIA

Yo Robot pudo entusiasmar al público con la rebelión de los robots, uno de los pronósticos de Asimov en su novela, pero lo más preocupante que plantea Asimov, y que recoge sutilmente el film, es la capacidad del robot Sonny de desarrollar una personalidad y auto-evolucionar. Es uno de los peligros que se plantea la IA (Inteligencia Artificial), la creación de robots que nos lleguen a superar con su IA y consigan dominarnos. Un tema que se ha abordado con preocupación en este libro. Tenemos un ejemplo en *2001 una odisea en el espacio,* donde la IA, denominada Hall, se revela, desobedece a los astronautas que viajan con ella y uno de ellos se ve obligado a extraer, poco a poco su memoria, un momento dramático en la obra de Arthur C. Clark.

Pese a la rebelión de los robots en *Yo Robot*, uno termina por simpatizar con Sonny que transmite cierta empatía. Los constructores de robots domésticos en la actualidad, buscan esa empatía entre el robot y su propietario. Aspectos que se han conseguido en robots que cuidan ancianos o niños con el síndrome de Down.

La película *Her* nos muestra como una máquina es capaz de superar el test de Turing y enamorar a un individuo. Y en la película *Un amigo para Frank* se presenta la relación entre un anciano y su robot, algo que ya se está produciendo en la vida real, con esos robots que cuidan a ancianos en Japón, donde el sintoísmo llega a adjudicar un espíritu a la máquina y aceptarla en una relación casi humana. Otro caso lo tenemos con niños con el síndrome de Down, que terminan convirtiendo a su robot cuidador en amigo inseparable, como se ha visto en las experiencias realizadas en Inglaterra.

¿Puede una máquina transmitir sentimientos que, en el fondo, son en el ser humano procesos químicos? Aquí nos planteamos si verdaderamente el amor es química o química cuántica, ya que el detonante no deja de ser, en el núcleo de la neurona, un ion positivos de calcio o potasio, es decir, un ion cuántico.

El cine nos ha aportado terribles e inhumanos robots como *Terminator*, capaz de derretirse en mercurio líquido para seguidamente transformarse en otro ser que ha miminizado. O un Arnold Schwarzenegger robótico arreglando sus averías y circuitos dañados. Terminator será recordada, especialmente, por aquel «Volveré». No estamos muy lejos de la realidad de *Terminator* cuando DARPA estudia robots de constitución líquida inmunes a las armas penetrantes.

Transformer y *Mazinger Z*, fueron una demostración de la capacidad de transformación de los robots y sus diferentes formas. *Star Wars* también ofrece una gran diversidad de robots que combaten en sus batallas. Sin embargo, pese a la originalidad de estos robots de combate, ninguno puede superar a los inigualables y pacíficos *R2D2* y *C-3PO*. Estos dos robots, protagonistas de toda la serie de *Star Wars* se ganaron la simpatía de los espectadores y triunfaron como el tipo de robot que uno quiere tener en su domicilio. *C-3PO* es claro y conciso cuando declara: «Fui programado para servir, no para destruir», de esta forma reivindica su condición de servidor, de mayordomo, de intérprete, pero nunca de robot asesino. Claro que también podemos elegir el servidor robótico que encarna Woody Allen en *El Dormilón*, película parodia de la novela *Cuando el durmiente despierta* de H. G. Wells.

ROBOTS INFANTILES Y NO TAN INFANTILES

Hay robots cinematográficos que nos sorprende no por su configuración, sino por el mundo apocalíptico en que se mueven, como es el caso de Wall-E, la historia de dos robots que tienen como cometido limpiar la Tierra y que nos sugieren la posibilidad de que cuando nosotros ya no estemos en este planeta, los robots que hemos construido seguirán cumpliendo las directrices que les hemos programado. Razón por la que no nos debe sorprender que un día lleguen a nuestro planeta naves tripuladas por robots, testigos de una civilización desparecida por un virus o una radiación letal ocasionada por una supernova cercana a su planeta.

Dentro de esta línea de robots deseados, Hollywood creó *Cortocircuito*, un robot militar denominado Johnny 5. Un robot que es alcanzado por un rayo que altera su comportamiento y programación y lo faculta para escaparse del laboratorio militar donde lo tienen confinado. Pese a ser una película infantil advierte de una consecuencia que puede suceder. ¿Quién asegura que un accidente no puede cambiar la programación de un robot? Ese posible cambio podría alterar el comportamiento del robot que podría pasar de pacífico a violento y destructor. El mensaje de *Cortocircuito* advierte de un peligro al que todos los que vivamos el futuro mundo de los robots estamos expuestos.

Robocop no es propiamente un robot, tenemos que calificarlo como un cíborg, ya que se trata de un ser humano al que se le han adaptado, tras complejas intervenciones quirúrgicas, toda una serie de elementos que amplían sus facultades y que le permiten tener la resistencia de un robot. Hubiera sido más acertado denominarlo CíborgCop.

Los robots biosintéticos de *Blade Runner*

Blade Runner nos transporta más allá de la simple máquina robótica, sus personajes están construidos con ingeniería genética para crear seres biosintéticos. Seres construidos para comportarse como robots con una configuración casi humana, que los hace ser más que humanos.

Blade Runner, llevada a la pantalla por Ridley Scott y basada en la novela *¿Sueñan los androides con ovejas eléctricas?* de Philip K. Dick, es uno de los mejores clásicos de cienciaficción.

¿Es un robot Nexus-6, el replicante que desvela a Harrison Ford al final de *Blade Runner* con la sentencia de «¡Despierta es hora de morir!»? Podríamos calificarlo de avatar, una especie de ser biosintético programado. Un ser donde los circuitos metálicos han sido sustituidos por materiales biosintéticos o de grafeno. Tal vez son clones capaces de soñar con ovejas eléctricas, no son humanos pero piensan como ellos, reflexionan y razonan, y es más, muestran emociones y temores.

Cabe destacar la colosal interpretación que realiza Sean Young, en el papel de Rachael, como perfección del feminismo que logra enamorar al mismo cazador de replicantes. Y, especialmente aquel final en que Nexus-6 le confiesa, antes de morir, al cazador de replicantes: «He vistos galaxias enanas que cabrían en un bolsillo, y vacíos enormes cuya contemplación arrastra al suicidio...He visto nebulosas de gas incandescentes dilatarse en el espacio con la fuerza de una explosión...He visto naves envueltas en llamas, combatiendo más allá de Orión... todos esos momentos se perderán en el tiempo...se perderán como lágrimas en la lluvia».

En esta misma línea tenemos a Ash componente de la tripulación del Nostromo en *Alien, el octavo pasajero*. Ash es un ser biosintético con componentes electrónicos y circuitos eléctricos en su interior. Satírico y fatalista que con su cabeza cortada advierte irónicamente a los sobrevivientes de del monstruo Alien: «No tenéis ninguna posibilidad, pero... contáis con mi simpatía». En esa misma línea está Bishop, de *Alien, el regreso*. Bishop es también un ser biosintético y demasiado humano, conoce su condición y es capaz de explicarle a la teniente Ripley: «Quizá sea sintético, pero no soy estúpido». Bishop es demasiado humano, igual que el teniente primero de la USS Enterprise, en *Star Trek*. Ninguno llega al nivel de David, aquel niño de la película del mismo nombre, ser robótico que sueña con ser humano.

Tal vez los robots araña de *Minority Report* inspiraron a los técnicos a crear robot libélula que espían y transmiten imágenes de los lugares que van a asaltar los marines en las diversas guerras y guerrillas que están envueltos. Ya hemos hablado de estos «bichos» con cámaras y oídos, capaces de manejarse a distancia y detectar al enemigo. No son tan sofisticados como los robots buscadores de rebeldes de *Matrix*, pero son efectivos.

EPÍLOGO

Llegado al final de este libro, soy consciente de una reflexión importante: ¿Cuál es el objetivo global de la humanidad? ¿Por qué progresamos tecnológicamente y tratamos de saber más?

Desde los orígenes de los primeros humanos ha existido un incesante interés por conocer más sobre lo que nos rodeaba. El hombre primitivo empezó a escalar montañas; a cruzar ríos para alcanzar nuevo parajes; curioseo en todas las cuevas que encontró; se internó en los mares con frágiles embarcaciones para saber que había más allá; realizó, en oleadas, grandes éxodos, para llegar a todos los rincones del mundo. Es como si un gen recesivo nos impulsara a explorar y descubrir lo desconocido. Esta gran inquietud por conocer nos llevó de un continente a otro y años después a la Luna. Hoy, cuando está a punto de llevarnos a Marte, comienza a la vez una exploración interior: saber cómo funciona su cerebro y porqué es como es cognitivamente.

Hoy todo este cambio tecnológico, que puede terminar convirtiéndonos en cíborg o robots a los que habremos transferido nuestros cerebros, es genial para aquellos que quieren vivir eternamente, pero hay quienes creen que este progreso debe ser detenido.

Efectivamente están los que quieren detenerlo ya que consideran que va contra la naturaleza humana, que dejaremos de ser humanos. Hay quienes proponen una moratoria para que podamos reflexionar sobre el camino que vamos a tomar.

No podemos detener el camino que hemos emprendido, nunca habrá un consenso mundial para paralizar nuestros laboratorios. Podrán detenerlo en algunos países, pero otros seguirán avanzando en la robotización la IA y la inmortalidad.

Esto entraña ciertos peligros sobre los que sí podemos llegar a prever y neutralizar. Uno de estos peligros es evitar que grandes fortunas, multinacionales o grupos ideológicos, se apoderen de los descubrimientos y creen con ellos élites que dominen a los demás. Sabemos que siempre habrá gente dispuesta a explotar a los demás. Espero que en un futuro este hecho acaezca menos al haber sido educada la población con la idea importante de no tener más, sino de ser más.

¿Cuál es, por tanto, el objetivo global de la humanidad? Queremos saber qué significa este Universo que nos rodea; queremos conocer nuestro origen y si es de este planeta o formamos parte de semillas venidas de fuera, si la vida en la Tierra fue una casualidad o estaba programada por seres de otros sistemas estelares; queremos saber si hay otros seres inteligentes en el Universo y queremos contactar con ellos; queremos transmitir nuestros conocimientos, la historia de nuestra civilización por muy tenebrosa que sea, lo que sabemos sobre el tortuoso camino recorrido en nuestra evolución; queremos superar el sufrimiento, las enfermedades y la muerte; y, sobre todo conocer miles de misterios que nos rodean.

Todos estos objetivos no los conseguiremos si no salimos de nuestro planeta, si no llegamos a otras estrellas. Pero vivimos aislados en un brazo exterior de nuestra galaxia, con apenas once estrellas en un radio de diez años luz a nuestro alrededor. Las distancias estelares y el tiempo en recorrerlas están contra nosotros. Como está contra nosotros el espacio profundo con sus condiciones de ingravidez y radiación. Somos seres que han desarrollado órganos para sobrevivir en nuestro planeta donde no necesitábamos una coraza de piel para protegernos de la radiación porque ya teníamos una capa de ozono que lo hacía. Donde no necesitábamos una potente estructura ósea, porque la gravedad en la Tierra es sólo de 9.81 m/s^2.

Si queremos participar en el gran misterio de nuestra existencia y del Universo que nos rodea, tenemos que conseguir vivir más años. Vivir más años significa vivir eternamente, ya que un niño nacido hoy podrá llegar tranquilamente a los cien años, y dentro de cien años sabremos y conseguiremos alargar la vida indefinidamente. Alargar la vida tiene grandes ventajas, podemos seguir estudiando e investigando muchos más años, podemos realizar cuatro o cinco carreras universitarias, docenas de másters, en definitiva quintuplicar nuestros conocimientos, gracias a las neurociencias que nos activarán todo el cerebro.

Pero también precisaremos fortalecer nuestros cuerpos y para eso dispondremos de varios caminos: cíborg, regeneración continua o transmisión del cerebro a un avatar. En cualquiera de las tres intervienen los robots que ya están compartiendo nuestras vidas. Ineludiblemente nuestro destino pasa por la robótica y nada parece detener nuestro afán explorador del Universo, con los robots o formando parte de su estructura.

ANEXO

Adavance Brain Monitoring: Empresa de investigación en neurociencia y BIC.

Adele Robots: Empresa asturiana fabricante de robots que interactúan con las personas.

AEPIA: Asociación Española de IA [aepia@aepia.org] Madrid.

Aldebaran Robotics: Empresa francesa creadora junto a SoftBank del robot Pepper.

Asociación Española de Róbótica: AER-ATP

Autodesk: Empresa de software que ofrece a los arquitectos la potencia de cálculo.

Autofuss: Compañía de San Francisco que emplea la robótica para crear anuncios. Comprada por Google.

Avanzare: Empresa española ubicada en La Rioja que produce grafeno y nanomateriales. Primera en el mundo.

Barcelona Supercomputing Center – Centro Nacional de Supercomputación: (BSC – CNS) Gestionan la supercomputadora Mare Nostrum 3 de Barcelona.

Basque Center onCognition, Brain and Language: Investiga la comunicación oral con los robots o computadoras.

Boston Dynamics: Creadora del Robot Atlas para DARPA, empresa adquirida por Google.

Bot y Dolly: Compañía hermana de Autofuss especializada en robótica y la realización de películas. Comprada por Google.

BrainComputer: Empresa de San Diego (California) coopera con Qualcomm y desarrolla investigaciones de neurociencia.

Braingate: Fabricante de manos (exoesqueletos) manejadas con sensores cerebrales.

Brain Preservation Foundation: Fundación sin fines lucrativos creada por Kenneth Hayworth del Instituto Médico Howard Hughes. [Kenneth.hayworth@gmail.com].

Calico: (California LifeCorporation) Laboratorio de Google en el que se desarrollan actividades relacionadas con los futuros avatares en Initiative 2045.

Celatum: Empresa de IA de Reino Unido, especializada en la selección del correo electrónico y el manejo de la información.

Centro Nacional de Supercomputación: Situado en Guangzho (China), está ubicada la computadora Tianhe-2, fabricada por la Universidad Nacional de Tecnología de Defensa de China.

CIDOB (Centro de Información y Documentación Internacional de Barcelona): El mejor laboratorio de ideas, *think tank,* de España y el nº 16 en el ránking europeo.

Daktrace: Empresa de IA de Reino Unido, especializada en gestiones de riesgo de ataques cibernéticos y protección de la información.

DARPA (Defense Advanced Research Projects Agency): Agencia Estatal de investigación en casi todos los campos. Tiene un presupuesto del Estado.

Deep Space: Empresa de turismo espacial.

Deepmind: Compañía de Reino Unido, especializada en IA. Comprada recientemente por Google.

DEKA Integrated Solutions: Desarrolla brazos conectados al sistema nervioso.

DNN research: Empresa de robótica comprada por Google.

Fatronik-Tecnialia: Busca soluciones robóticas para ayudar a los discapacitados.

Featurespace: Empresa de IA de Reino Unido, especializada en análisis predictivos en marketing y detecciones de operaciones fraudulentas.

Federación Internacional de Robótica (IFR)

Flightech: Fabricante de Drones [contact@flightech.es] Madrid.

Fundation Brain Preservation: Fundada por Kenneth Hayworth, científico del Instituto Médico Howard Hughes.

Future of Humanity Institute: Oxford. Una *think tank* que realiza prospectivas sobre el futuro de la humanidad.

Graphenano: Empresa de Alicante productora de grafeno.

Graphene Nanomaterials: Empresa vasca que produce grafeno en láminas.

GranphNanotech: Empresa de Burgos de producción e investigación en grafeno y nanotecnología.

Hanson Robotics: Empresa de Texas fundada por David Hanson, construyó una réplica de la cabeza de DmitryItskov.

Holomni: Compañía de Mountain View, California, especializada en los módulos de las ruedas giratorias que podrían acelerar el movimiento de un vehículo en cualquier dirección. Comprada por Google.

IAI: (Israel Aerospace Industries) Empresa estatal de aviones a reacción, drones y sistemas de defensa. Israel.

ICRAC (International Committeefor robots arms control) Lucha contra los peligros derivados de los robots militares. Fundada en 2009.

IEE: Instituto de Estudios Económicos la thinktank de la CEOE.

INDRA: Multinacional de Consultoría y Tecnología ubicad en Madrid.

Intuitive Surgical: Diseñadora del robot de cirugía Da Vinci.

Instituto para el Futuro de la Humanidad: Dirigido por Nick Bostrom, creador del Movimiento Transhumanista. Ubicado en Palo Acto, propone protocolos éticos para la robótica y las nuevas tecnologías.

Ishikawa Watanable: Constructora de la mano Ultrafast Hand.

Jet Propulsion Lab: Participó con un robot en el Trial-2013

Laboratorio Nacional de Livermore: Ubicada en California (EE.UU.): Alberga la computadora Sequoia.

Laboratorio Nacional de Oak Ridge: Alberga la computadora Titán.

Lincor: Empresa de IA de U.K. especializada en ordenadores para hospitales y ayuda en los diagnósticos médicos.

Lockheed Martin: Compañía aeroespacial, fabrica armamentos avanzados para la guerra global. Comparte un ordenador cuántica con Google y la NASA. Participó en el Trial-2013 con la Universidad de Pennsylvania.

Macco Robotics: Empresa sevillana que comercializa robots orientados a la hostelería.

Mars One: Empresa que tiene la intención de colonizar Marte.

MekaRobotics: Un *spin off* del Instituto de Tecnología de Massachusetts (MIT) que construye las partes del robot con apariencia amigable que da más seguridad a los seres humanos. Sus productos incluyen cabezales con sensores oculares grandes, brazos y un «torso humanoide». Comprada por Google.

MESA Universidad de Colorado: Participó con un robot en el Trial-2013

MIRI: Instituto de Investigación en la Inteligencia de las Máquinas.

NASA: Agencia Nacional de Aeronáutica y del Espacio. Participó en el Trial-2013. Junto con la Universidad de Texas y Texas A&M University ha creado el robot Valkyre.

NeuroSky: Fabricante de neurojuegos.

Nest: Empresa de robótica comprada por Google.

Osterhout Design Group: Creadores de las gafas X6 para el Departamento de Defensa de Estados Unidos.

Pal Robotics: Empresa de robótica ubicada en Barcelona.

PI & SlidingAutonomy Lead: Empresa de robótica que participó en el Trial-2013.

PENN Robotics and Robotics Mechanisms Laboratory: Participó en el Trial-2013.

Percepción Industrial: Con sede en Palo Alto, centrada en el uso de tecnologías robóticas 3D Visión guiada para automatizar la carga y descarga de camiones y manejar los paquetes. Comprada por Google.

Percpio Robotics: Constructora de la mano PiezoGripper.

Planetary Resources: Empresa de turismo espacial.

Qualcomm: Empresa de San Diego (California). Desarrolla chips neuromórficos.

Redwood Robotics: Compañía con sede en san Francisco, que se ha especializado en la creación de brazos robóticos de última generación para uso en las industrias de fabricación, distribución y servicios de atención sanitaria. Comprada por Google.

Rewalk: Empresa que comercializa los exoesqueletos.

RoboSimiam: Empresa de robótica que participó en el Trial-2013.

Schaft: Un *spin off* de la Universidad de Tokio, que se centra en la creación y el funcionamiento de los robots humanoides, ganadora de encuentro de robots en Miami. Comprada por Google.

Schilling Robotics: Fabricante de la mano RigMaster.

Shadow: Empresa de robótica que ha fabricado una mano de gran sensibilidad.

Sheffield Center for Robotics: Instituto puntero europeo de robótica dirigido por Tony Prescot.

SoftBank: Empresa japonesa creadora, junto a AldebaranRobotics, de robot Pepper.

Space X: Space Exploration Technologies Corporation. Suministra servicios a la ISS. California.

Specs: Grupo de trabajo de IA de la Universidad Pompeu Fabra de Barcelona, dirigido por Paul Verschure.

SRI Internacional: Empresa de I+D que ha desarrollado el robot quirúrgico M7.

Stop Killer Robots: Organización con los mismos objetivos que ICRAC. Fundada en 2013.

SwiftKey: Empresa de IA de la Gran Bretaña realiza aplicaciones personalizadas a móviles y en tabletas de iPhone e iPads.

SwissSpaceSystems (S-3): Construye la nave Sour para el turismo espacial.

TracLabs: Empresa de robótica que participó en el Trail-2013.

Vicarious FPC: Empresa de IA. Comprada recientemente por E. Musk y M. Zuckerberg.

ViGir y las universidades de Darmstadt y OSU en Orgeon: Participaron en el Trial- 2013.

VirginGalactic: Empresa de R. Branson dedicada al turismo espacial, desarrolla la nave SpaceShipTwo.

Word View Enterprise: Empresa de turismo espacial.

WPI RoboticsEngineering y la Carnegie Mellon University: Participaron en el Trial-2013.

TERMINOLOGÍA

Algoritmos: Un algoritmo es un conjunto prescrito de instrucciones o reglas bien definidas, ordenadas y finitas que permite realizar una actividad mediante pasos sucesivos que no generen dudas a quien deba realizar dicha actividad. Es una lista de instrucciones para resolver un cálculo o un problema abstracto.

Androide: Denominación que se da a un robot u organismo sintético antropomorfo que imita la apariencia humana.

Aprendizaje profundo: Reconocimiento facial y lenguajes de los humanos por un sistema informático.

Avatar: De acuerdo con el proyecto Initiative 2045, un avatar es un ser biotecnológico, capaz de vivir más de mil años, al que se le transferirá un cerebro humano que ocupará ese cuerpo.

BIC: Brain – Interface – Computer.

Biotecnología (Biotech): La biotecnología tiene su fundamento en la tecnología que estudia y aprovecha los mecanismos e interacciones biológicas de los seres vivos, en especial los unicelulares, mediante un amplio campo multidisciplinario.

Bit: Corresponde a un dígito del sistema de numeración binario. Puede representar los valores 0 o 1. Es la unidad mínima de información en cualquier dispositivo digita.

Cíborg: Es la integración de los tejidos vivos con maquinaría de ingeniería para mejorar el funcionamiento de la mente y el cuerpo humano.

Computadora: Un ordenador o computador, también denominado ordenador, es una máquina electrónica que recibe y procesa datos para convertirlos en información útil. Existen varios tamaños, potencias, memoria y velocidad de cálculo.

Conectoma: Estructura de las conexiones cerebrales.

EEG: Electroencefalografía.

Emulación: Esfuerzo de transferencia total de un cerebro a un ordenador.

ETcc: Estimulación eléctrica transcraneana para activar la inteligencia.

Exaocteto: Equivale a 260 octetos.

Exoesqueleto: Soporte exterior mecánico que permite andar o moverse a personas incapacitadas. Puede ayudarse de microchips cerebrales.

Exopsicología: La psicología referente a las enfermedades mentales que aparecerán en los habitantes terrestres de colonias espaciales.

fMRI: Resonancia magnética funcional.

IA: La IA es la capacidad de razonar de un ser que no está vivo.

MEG: Magnetoencefalografía.

Nanorobot: Podemos definir un nanorobot como un dispositivo inteligente tan pequeño como un glóbulo rojo. También podemos llamarlos microrobots.

Nec: Sociedad japonesa creadora de un algoritmo de reconocimiento facial, llamado sistema «NeoFace», que utiliza la policía de Chicago.

Neurofisiología: Es la rama de la fisiología que estudia el sistema nervioso.

Neurorobótica: Ver Neuroprotésica.

Neuroprotésica: Especialidad neurocientífica especializada en el desarrollo de exoesqueletos.

Neuroimagen: Las técnicas de neuroimagen permiten ver imágenes en vivo del sistema nervioso central en general y del cerebro en particular.

Neuromórfica: Tecnología que se inspira en el cerebro biológico para desarrollar chips que procesan datos sensoriales como imágenes y sonidos.

Nootrópicos: Estimulantes que activan todas las neuronas del cerebro, también se conocen como smart drugs. Producen dinamismo, concentración, atención y seguridad. Las más conocidas son el Modafinilo o Provigil.

Octeto: Equivale a 8 bits.

Optoquímica: Sistema que utiliza la luz por endoscopía para activar determinadas neuronas.

PET: Tomografía de positrones.

Petaflops: En informática, las operaciones de coma flotante por segundo son una medida del rendimiento de un ordenador, especialmente en cálculos científicos que requieren un gran uso de operaciones de coma flotante. Un peta es 1015 = 1.000 billones).

Psicotecnología: Nombre que el autor da a la psicología del futuro que se valdrá de la tecnología e imágenes del cerebro para diagnosticar a los pacientes.

Redes neuronales: Sistemas informáticos capaces de enseñarse a sí mismos.

Replicante: Nombre utilizado en la película *Blade Runner* para designar un ser replica de los humanos constituido con materiales sintéticos, por ejemplo: grafeno.

Robot: Entidad virtual o mecánica artificial.

Smartdrug: Ver Nootrópicos.

Tecnoterapia: Terapia que utilizará la tecnología del futuro para activar partes del cerebro con «iluminación», sensores, neuroimagen u otros medios.

BIBLIOGRAFÍA

Armony, Jorge; y Vuilleumier, Patrik. *The Cambridge Handbook of human affective neuroscience.* Cambridge University, 2013, Gran Bretaña.

Bárbara, Jean-Gaël. *La Naissance du neurone,* Editorial Vrin, 2010, París.

Bellah, Robert. *La religión en la evolución humana: desde el Paleolítico hasta la era axial,* El BellknapPress / Harvard University Press, 2011.

Blaschke, Jorge, *Más allá del poder de la mente,* Ediciones Robinbook, 2011, Barcelona.

Blaschke, Jorge. *La ciencia de lo imposible,* Ediciones Robinbook, 2012, Barcelona.

Blaschke, Jorge. *Los gatos sueñan con física cuántica y los perros con universos paralelos,* Ediciones Robinbook, 2012, Barcelona.

Blaschke. Jorge, *Los pájaros se orientan con física cuántica*, Ediciones Robinbook, 2013, Barcelona.

Blaschke. Jorge, *Cerebro 2.0.* Ediciones Robinbook, 2013, Barcelona.

Blaschke, Jorge. Inmortal: *La vida en un clic,* Ediciones Robinbook, 2014, Barcelona.

Bostrom, Nick. *Intelligence: Camino, peligros, estrategia,* Oxford University Press, 2013. U.K.

Brockman, John. *Los próximos cincuenta años*, Editorial Kairós, 2004, Barcelona.

Broderick, D. y Blackford R. *Intelligence Unbound*, Edit. Willey, 2014, EE.UU.

Brooks, Rodney. *Flesh and Machines, How Robots Will Change Us*, 2003, New York.

Carr, Nicholas. *Atrapados,* Taurus, 2014, Madrid.

Carr, Nicholas. *Superficiales*, 2012, Taurus, Madrid.

Clark, Andy. *Natural Born Cíborgs*, Oxford University Press 2003.

Clarke, Richard; y Kanake, Robert. *Cyberwar*, Hardcover Edition, 2010, EE.UU.

Crevier, Daniel. Al: *The tumultuous History of the Search for Artificial Intelligence*, Basic Book, 1993, New York.

Dehaene, Stanislas. *Consciousness and the Brain*, Viking Adult/Penguin Books, 2014, N.Y.

Dispenza, Joe. *Desarrolla tu cerebro,* Editorial Palmyra, 2008, Madrid.

Goleman, Daniel. *Inteligencia Emocional,* Kairós, 2008, Barcelona.

Kandel, Eric. *En busca de la memoria,* KatzBarpal Editores, 2007, Buenos Aires.

Kurzweil, Raymond. *La Singularidad está cerca,* Lola Books, 2005, California.

Kurzweil, Raymond. *How to créate Mind:* The secret of Human

Thought Revealed, Libros Inteligencia, 2012, California.

Kurzweil, Raymond. *The Age of Spiritual Machine*, Discovery Institute Press, 2002, California.

Lachman, Gary. *Historia secreta de la consciencia*, Atalanta, 2013, Gerona.

Lanier, Jaron. *Contra el rebaño digital*, Debate, 2011, Madrid.

Laureys, S. y Tononi, G. *Neurology of Consciousness*, Academia Press, 2008, EE.UU.

Levard, Oliver, *Nous sommestous des robots*, Editorial Michalon, 2014, París.

Marcus, Gary. *La azorosa construcción de la mente humana*, Ariel, 2010, Barcelona.

Martinez, Michael. Future Bright. *A transforming vision off human intelligence*, Oxford University Press, 2013, Oxford.

McAffe. A y Brynjolfsso, E. *The Second Machine Age*, Kimdle Edition, 2014, EE.UU.

Malafouris, Lambros, *Cómo las cosas dan forma a la mente: A Theory of Engagement material*, MIT Press Cambridge.

Marina, José Antonio, *La inteligencia fracasada*, Editorial Anagrama, 2004, Barcelona.

Miller, James. *Singularity Rising*, Copyrighted Material, 2012, EE.UU.

Mulhall. Douglas. *Our Molecular Future: How Nonotechnology, Robotics, Genetics and Artificial Intelligence*, Prometheus, 2002, New York.

Naim, Moises. *El fin del poder*, Editorial Debate, 2013, Barcelona.

Neerdael, Dorian. *Une pucedans la tête*. FypEditions. 2014. París.

Norenzayan, Ara. *Grandes Dioses: Cómo la religión Transformado Cooperación y Conflicto*, University Press, 2013, Princeton.

Penrose, Roger. *La nueva mente del Emperador*, Editorial Debolsillo, 2009, Barcelona.

Penrose, Roger. *La sombra de la mente*, Crítica, 2000, Madrid.

Prochiantz, Alain. *Machine-esprit*, Editorial Odile Jacob, 2000, París.

Reza Noubakhsh, Illa. *Robot Future*, The MIT Press, 2013, EE.UU.

Rose, Steven. *The future of the Brain*, Oxford University Press, 2005, Oxford.

Sagan, Carl. *El cerebro de Broca*, Crítica, 1994, Barcelona.

Simon, Herbert. The Science of the Artificial, Third Edition 1996, MIT Press.

Stuart Russell y Peter Norvig. *Artificial Intelligence:* A modern Approach, Third Edition, Precentice Hall, 2009.

Sussan, Rémi. *Demain les mondesvirtuels,* Editorial FYp, 2009, París.

Ted Chu. *Human Purpose and Transhuman Potential,* Origin Press, 2014, USA.

Tipler, Frank, *La física de la inmortalidad,* Alianza Editorial, 2005, Madrid.

Zoltan, Istran, *The Transhumanist Wager,* Futurity Imagina Media, 2013, EE.UU.

LOS GATOS SUEÑAN CON FÍSICA CUÁNTICA Y LOS PERROS CON UNIVERSOS PARALELOS

Jorge Blaschke

Conozca los entresijos de la mecánica cuántica, uno de los más grandes avances del conocimiento humano en los últimos años

Jorge Blaschke se adentra en los pantanosos terrenos de la mecánica cuántica para desbrozar el significado de esta fantástica aventura que ha emprendido el ser humano en busca de respuestas que atenazan su existencia. Porque es en el ámbito de esta rama de la ciencia donde se está produciendo uno de los mayores avances en el conocimiento humano, y la prueba más reciente es el bosón de Higgs, la llamada partícula de la vida.

LOS PÁJAROS SE ORIENTAN CON LA FÍSICA CUÁNTICA Y EL DÍA QUE HAWKING PERDIÓ SU APUESTA

Jorge Blaschke

Conozca la realidad de la mecánica cuántica, un nuevo paradigma que nos anticipa el futuro.

Tras publicar con notable éxito *Los gatos sueñan con física cuántica y los perros con universos paralelos*, Jorge Blaschke ofrece un nuevo libro para divulgar aspectos del mundo cuántico que nos acecha. De manera accesible y amena, profundiza en nuevos modelos del paradigma cuántico descubriendo implicaciones en el mundo de lo infinitamente pequeño, lo infinitamente grande y el mundo intermedio. Al leer este libro el lector descubrirá, asombrado, cómo este paradigma cuántico afecta al ser humano y cómo condiciona la vida en el futuro que se aproxima.

LA CIENCIA DE LO IMPOSIBLE

Jorge Blaschke

Conozca qué nuevos y sorprendentes descubrimientos hará la ciencia los próximos años.

Michio Kaku es un gran divulgador científico que ha hecho del rigor su principal bandera y de sus predicciones, un moderno laboratorio en el que científicos de medio mundo se han lanzado a investigar. No en vano Kaku anticipa que estamos al borde de una revolución tecnológica sin precedentes pero que con las herramientas y conocimientos adecuados no hemos de temer nada ya que podremos asumir el control de nuestro futuro. Jorge Blaschke se ha encargado de diseccionar los planteamientos de Michio Kaku para hacerlos llegar al lector en toda su magnitud, analizando los planteamientos de este famoso físico estadounidense de una manera didáctica e inteligible.

CEREBRO 2.0

Jorge Blaschke

Desde los neurotransmisores y las smart drugs a las moléculas, que dopan la inteligencia y la memoria, y a las neuroprótesis.

Por fin se ha iniciado la gran aventura de explorar el sistema más complejo y desconocido que conocemos en el Universo: la exploración del cerebro humano. Varios proyectos europeos relacionados con la neuromedicina se han lanzado a la exploración del cerebro humano durante los próximos años con importantes inversiones.
Jorge Blaschke, autor de numerosos best sellers de divulgación científica, desvela cuáles son esos retos para el futuro así como todo aquello que sucede en el interior de la mente.

INMORTAL: la vida en un clic

Jorge Blaschke

Initiative 2045

La inmortalidad cibernética y el camino que nos conduce al futuro
El autor de este libro desgrana cómo está siendo esa carrera por la inmortalidad y cuáles pueden ser sus consecuencias, un debate que sin duda no dejará indiferente a nadie. Y para ello no duda en hacer una incursión por los más modernos laboratorios de medio mundo para saber hasta dónde han llegado las actuales investigaciones y cuáles van a ser sus próximos pasos.

MÁS ALLÁ DE LO QUE TÚ SABES

Jorge Blaschke

Las claves del best seller ¿¡Y tú qué sabes!? y nuevas respuestas al misterio de la vida.

Nos encontramos ante una obra exhaustivamente documentada que profundiza sobre el ser humano y la realidad que lo rodea desde los campos de la física, la psicología, la psiquiatría y la química, para responder a nuestras preguntas fundamentales: ¿qué es la realidad?,¿de dónde venimos? y ¿hacia dónde vamos? Adentrándose en estas áreas del conocimiento, el libro plantea respuestas, abre nuevas incógnitas y dibuja caminos a seguir para resolver esos interrogantes.